鄒族的植物世界

——在花草樹木之間探尋文化軌跡

浦忠勇、方紅櫻 合著

序 1

代序　植靈的價值——去殖聲中的埴固森處

　　筆者曾於民族誌田野情境中，被機敏的助理發現老師對動物情有獨鍾，而在植物領域上好似相對鈍拙。其實，對於我們這種非專業人士來說，自然界所引發的好奇心，理應動植物合一，畢竟，動物藏身植物，並以其為食物，而植物則仰賴動物提供有機資源，二者難分，吾人亦應同時愛好。然而，這是理想，個人特定傾向難控，還是會選好其一。個人的情況是，動物知識接觸較多，可以侃侃談論，而植物陌生，就自我羞澀，聽人家說就好。此一景象，在摯友浦忠勇教授展現出他的動植雙料奇才之後，有了學習對象，也慢慢改觀了自我。自此之後，一路就是好好依照動植物雙全典範指導，讓自己之大自然故事的認識得以飽滿，喜樂一樁。

　　忠勇博士前數年動物狩獵大作曾引來嘉義至臺北的印書紙貴，那是厚厚一大本，對於原住民族民族動物學的系統建置，立有汗馬功勞。而過去將近 10 年的日子裡，他繼續與其夫人方紅櫻女士接續戮力於民族植物學的基礎功夫，陸續有出版，亦終在本書完成了集大成之任務。出版之後，新書合置前一狩獵專著，就變成無人能出其右的大師人物，玉山源出的阿里山鄒人自然人文創造世界，一併於二書中完整呈現。讀者福氣實難以萬千公斤的秤量計之。

　　二位作者念茲在茲者，首先是民族植物學與一般植物學的分野，前者不僅係於荒野世界作為一個天然實驗室的背景下孕育而成，也連上了深刻思古情懷的神話傳說，浪漫又實在，更深具千錘百鍊的內在有料。作者們與歷來研究者均有一份植物筆記，前者的飽滿該份，補足了後者常見的簡陋欠缺之處，而此等進步成績，亦均奠基於先祖前輩們天賦於心的口語植物筆記。族人標記植物種類，總是出現於古時代口語說詞裡，也不斷現身在紅櫻與忠勇的敘述文字中。例如山枇杷、五節芒、山芙蓉、咬人狗、黃藤、黃荊草、赤榕、野桐、茄苳、石斛菊、小舌蘭等等，它們各有故事，而且黏稠稠地和人們生活日常掛在一塊兒。

千百植物可以眼花瞭目，然而，細心的作者們發現到，一般來說，離自己居所愈近之處的種類愈是熟悉，而遠距之方則等比陌生，乃至千山萬水過天際的那一頭，則極有可能就是神話世界之源頭了。類似同心圓的發展密度，成了民族植物學認知世界的基礎，而生態殖民帝國主義的百年侵擾，卻也無形間打亂了此一傳統布局，作者們因此極力呼籲建立起抵抗的精神，否則，不久之後，所有動植物全部外來語化了。還有，代表傳統的小米對上了後來勢力龐大的稻米和茶葉，前者的搶救刻不容緩，這尚包括了所有本土勢微的種植與自然植物。

小米和小米儀式對作者來說極其重要，它是族群不畏外在衝擊的證據，也為鄒人社會生態系統強健的象徵，更係山上土地之靈性依然活現的代詞。所以，作為小米祭儀一環之豐獵儀式，依舊保有一定地位，畢竟，獵獲與豐收是等號兩端，彼此加持之後，即刻造就了部落的完整有力。作者多次強調靈性植物的意義。從命名（如鬼神的稻子、正宗的茅草、真正的杉木、蟾蜍的鞋子等）和失去了特定植物就行不得儀式的慘烈現實（如雀榕被砍拔之後，mayasvi祭典難以舉行之過往事件）觀之，靈之具象存於植物體內的信念，牢牢構築了鄒族人的自然世界觀，它也預知了人類謙卑於大地母親的文化內涵。

「埴固」是黏土牢牢盤貼住物品之意。而它在森林深處發揮力道，充分顯現出擬欲掌握自然界完全內涵之動機。作者們正是展露此等氣魄的本尊。而她（他）們的勇氣來源，無外乎就是反殖、抗殖、去殖、解殖等之一系列任務的當下期望。自己文化被快速或悄悄的取代，都是一種殖民帝國主義的徵象，從中，人們自無力抵制經放棄自我到開懷擁抱，一幅完美投降圖寫照。自然界的植物竟然也是殖民要素項目之一。二位作者實證材料豐沛，告訴了我們那正是一無法迴避的殘酷事實。亦即，鄒人植物文化或說民族植物學，正快速殞落，一群群失根族人，見證了外來稱名已然大舉汰換掉傳統命名的景象。

本書的五大部分，鄒語書寫文字大量出現，那是抵抗大旗的肉身，所針對者即為鄒族植物誌內一株株草花植被藤灌喬木被忘卻精光的悲劇。這本書不只具備大辭典功能，作者的植物深情，以及積極抗議的精神，更訴說出一份文化認同的週轉困境。我們做為讀者，體會到書中處處見著之植靈的魅力及其所擁有之高度歷史文化與當代生活的價值。靈體才是說話的本事，植物透過二位賢伉儷作者之筆，活生生躍出檯面，

以植靈不滅之姿，溫馨地舖成了族人生命大地的內涵。而本書就扎實地寫出了此一傲人的故事。筆者一向愛動物，如今更添植物情愫，這是讀者受惠，當然，邀您來共賞大作，是為本書作序的主要目的。大家一起堉固於鄒族自然森處，那邊動靈與植靈無所不在。

謝世忠

於 芝山岩綠中海

2022.10.9

序 2
部落植物知識開拓的另外一扇窗

　　鄒族 tfuya（特富野）大社一位我跟弟弟 tibusungu（忠勇）常去拜訪、聆聽他講述故事或吟唱歌謠的長者湯保福（kozi）老先生，在他近 80 歲時跟我說 'anala bohngx to maukukuzo ho ma'e'evi 'o yu'fafoinana maitan'e, takola yaneni no tposx ne ngesangsi, ta'ula titho no e'e ta cou ho pa'cohivneni ta yu'fafoinana, tamula ko'ko cohivi 'e maukukuzo ho ma'e'evi ta fuengu.「年輕一代族人都不已經認識山上草木，你在山下買一本植物書，我用族語告訴你們（寫下），以後你們可以認識山上的草木」。我後來帶回一本給他，但很遺憾，老人家不久辭世了。

　　多年前，曾寫了一篇短文〈再也回不去的家鄉〉，感喟少年離鄉時處處可見的栓皮櫟、青剛櫟、楠木、山柿、山枇杷、山櫻、烏心石、箭竹、五節芒、白茅、黃藤、山芭蕉等在地植物已經失去蹤影，它們的棲地被茶、咖啡、蔬菜、果樹、竹林、杉木等「經濟作物」取代了。

　　12 歲離開曾文溪上游三條支流鑿成的部落山谷，至今超過半個世紀，依然記得父母常說山谷間緩坡溪階土地 yofnu'u（肥沃），什麼作物都種得很好。記憶中父母在 yaalauya（多楓之地）、niakuba（古會所之地）種下的小米、地瓜、包穀、木薯、樹豆、芋頭、棕櫚、紅豆等確實都能豐收。最讓人驚奇的是這裡長出其他地方沒有的阿里山十大功勞（黃柏）、臺灣野蘋果、薜荔（愛玉）和原生獼猴桃，連山葵也是阿里山山區出產的最好。近年來有感於農田驅逐了不少原有的在地的植物，我跟弟弟們就嘗試在山田種回由野地找來的原生樹木，即使田間已經種上咖啡、蔬菜，仍應讓它們擁有繼續繁衍的空間。

　　生物多樣、生態保育與森林碳匯（包含積極造林）等議題是氣候變遷、天災頻仍之際有識者的主張；但是普羅大眾對於這種倡議總以為是天邊的雲彩，而財團也因牽涉利益，裝聾作啞！人們總是注意跟自己有密切相關的事物，大航海時代開啟，菸草、茶、咖啡、罌粟花、馬鈴薯、橡膠、甘蔗、鳳梨、香蕉、蘋果等作物輪番上場，各領風騷，也是殖民貿易帝國想要掌握的物種，因此它們的故事到處流傳。隨著碳足跡的

被重視，在地消費成為新的購買模式，臺灣本土的植物與各類作物，也開始被注意到了；各式各樣的植物、動物圖鑑或百科全書，甚或單一物種如殼斗科樹木、猛禽類的介紹，不一而足；原住民族或不同族群植物書也紛紛出籠。

這個時候 tibusungu 終於要出版醞釀已久的鄒族植物書。幾年前回老家，曾與跟他上山採植物的國立科學博物館研究員嚴新富先生不期而遇，也看過 tibusungu 經常採回來一堆植物枝葉，用報紙小心包覆，準備跟部落長者或嚴先生討論；更常在進入獵場的路徑、獵屋聽他跟獵人談當季動物尋找的果實、枝葉。近幾年，tibusungu 言談中不時出現對久居在外的我而言是艱深的鄒族植物名稱，也常敘述一些由長者言談記錄下來的花草樹木故事，我知道這本書的應該已經寫得差不多了。

由於有植物學者相伴，加上長期在部落請教長者，這本書仍有植物學的影子，但更多的是由部落獲取的觀念、知識與應用的方式；同時，兼採部落差異與不同說法，讓讀者了解鄒族內部因為住地海拔落差而有不同的植物、名稱、詮釋與運用。日治時期部落就不斷有外來的植物，作者對於外來物種入侵，原生種卻遭漠視，也有一些批判，因此本書也可以歸類為「解殖植物書」。當今原住民族知識逐漸受到重視，以族群角度、語言為基礎呈現的詮解模式，應該是向外傳達、溝通的最佳典範，也開啟另外一扇窗。

部落長者離世是知識寶庫的消失，這本書的出現也許可以彌補這種缺憾於萬一。tibusungu 長期在部落，是農夫、獵人，也是學者、教師，他跟妻子 naa'u（紅櫻）時常相偕上山，巡護獵場，稱為「神鵰俠侶」，完成這本豐實而有獨特內涵的專書，作為家人，仍要不避嫌而撰序稱道。

監察委員

pasuya poiconx

浦忠成

序於 劍潭寄寓

2022/9/22

序 3
尋覓「花草樹木之間的文化軌跡」
與「持續流動的植物文化」

「水陸草木之花，可愛者甚蕃。」相對於陶淵明愛菊、周敦頤愛蓮與世人皆愛牡丹，來自阿里山鄒族的浦忠勇教授與方紅櫻校長又愛甚麼呢？

認識浦忠勇教授與方紅櫻校長多年，打從兩位校長在達邦國小、山美國小、新美國小與樂野國小服務開始即已建立深厚友誼，接著與浦忠勇教授一起籌設阿里山國中小，一直到最近更與浦忠勇教授、方紅櫻校長規劃與成立國立中正大學原住民族教育研究中心，並在原住民族委員會的支持下進行一系列鄒族知識體系建構的相關研究，希望可以從鄒族文學、歷史、語言、建築、工藝、生計、樂舞、社會制度、傳統領域與生態智慧、信仰與祭儀等十大面向來重新思考鄒族的傳統知識與智慧。

在本書《鄒族的植物世界—在花草樹木之間探尋文化軌跡》中，浦教授與方校長先從與植物結緣、從荒野經驗到學術探勘、文獻裡的鄒族植物及自我文化書寫開始，再透過口述資料的價值、植物與生活空間、五節芒的啟示、山芙蓉的差異詮釋、咬人狗的故事、獵場有原生梅樹嗎、酢醬草的喻義、殼斗科帶來的困惑、馬桑的毒性要怎麼寫、山櫻花的認同式微、植物知識典範之變遷及黃荊帶來的焦慮來進行有趣的植物調查，第三部分則由植物有靈性—從豐獵儀式說起及靈性植物舉隅來思考如何經由植物讓萬物相連，最後則由以鄒族古語命名的植物、依植物形態、特性或來源命名、以「正宗」命名的植物、依「鬼靈」命名的植物、「同名異種」與「異名同種」及外來語命名等鄒族植物的命名、利用與分類來尋覓「花草樹木之間的文化軌跡」與「持續流動的植物文化」。

以「五節芒」這種植物為例，浦教授與方校長款款敘說「五節芒」如何深入到鄒族日常生活的肌理，不管是飲食或是建築等有形的物質利用，一直到跨界於宗教與歲時祭儀等超自然的領域；鄒人將「五節芒」分成五節芒，在鄒族世界裏已經成了不同範疇的植物知識，因而，如何深入族群文化肌理去解釋植物的利用，是透過植物文化形構民族知識體系不能忽略的一環，否則將無法領域民族植物的有趣的人文特質。

「水陸草木之花，可愛者甚蕃。」相對於陶淵明愛菊、周敦頤愛蓮與世人皆愛牡丹，來自阿里山鄒族的浦忠勇教授與方紅櫻校長愛的是尋覓「花草樹木之間的文化軌跡」與「持續流動的植物文化」！

國立中正大學教授兼任教育學院副院長暨教育學研究所所長
國立中正大學原住民族教育研究中心主任

鄭勝耀

序於 中正大學

2022/9/23

自序
有幸與花草樹木結緣

　　三十年前從自己的家鄉阿里山跑到花東縱谷山脈就讀臺東師專，這裡有我喜歡的家鄉味，但不是來到這裡的人都能適應的，尤其是來自西部地區大都會的人，因為花東縱谷充滿天然的環境有太多他們不熟悉的事物，記得有次的小組教學討論，主題圍繞民生相關的議題，大家東南西北熱烈地談論著，討論即將終結時有一個聲音怯怯的提問著「花生是長在樹上的嗎？」，頓時會場突然鴉雀無聲，大家面面相覷，那個年代的媒體資訊不發達，有些山林鄉野知識不易被傳播是事實，但「花生」在一般人的認知中不是很平常的植物嗎？

　　三十年後我回到阿里山自己的部落擔任小學校長，開始每週定時進行在地文化知識分享課程，時間約 30 分鐘，特別一提是有次的民族植物分享歷程，在上班途中，正巧看見五節芒莖幹上有蜂類產卵後突起的樣態，鄒語稱作 yapu'eoza，便砍下帶到課堂上，結束後，幾個孩子跑過來睜著好奇的大眼盯著我手上那棵五節芒，便進一步告訴他們此時的樣態已不適合食用，莖內的蜂蠅即將破殼而出，食用會呈現苦澀的味道，這些小孩似乎放下了心結然後愉快的回應說：校長，你怎麼懂那麼多的植物知識？當下驚覺原來三十年前長在樹上的花生笑話對上三十年後部落孩子逐漸丟失的植物日常竟有異曲同工之妙。

　　談到植物知識，我並非植物專家，能夠在師生面前侃侃而談，有大半是自己成長的生活經驗，童年時期的田野探索讓我較易辨識各種山林間常見的植物，可以理解各種植物是如何被族人所利用，但也僅限於住家周邊山林田野的花草樹木知識，而開始拍攝和記錄植物要追溯到十幾年前，我跟老公 Tibu 經常前往獵場去探勘，獵場上野生動物的遷移習性跟食物有很大的關係，我始終分辨不了獵場上幾種殼斗科植物，於是便開始想記錄植物，十幾年下來的植物觀察，花草樹木與族人之間的關係真的很微妙，我發現族人對於植物的認知取向有明顯的分野，男性大部份熟悉狩獵文化相關的植物，而女性則比較熟知農作與食用相關的植物，族人對植物的認知上也因男女分工而有所區別。

　　對於一個業餘植物記錄者而言，我們得跟時間賽跑，因為一年四季的變幻太快，今年錯過了開花結果的植物就要等隔年再進行拍攝，偶與植物有美麗的邂逅，然限於我們手邊簡易的一般相機和手機，進行拍攝時無法完美呈現植物樣貌也是常有的事，另各部落田調採訪的耆老逐漸凋零，我們植物田調的腳步往往比不上長者凋零的速度。最令人頭疼的莫過於植物辨識的過程和確認植物中文及鄒語名稱，這個過程中既傷神又燒腦，所幸大部份的難題可以迎刃而解，但仍存有無法克服的問題，在這些過程中我們雖然努力想找尋植物的文化軌跡，但仍有遺珠之憾。

　　鄒族的植物世界這本書的出版，想感謝的人很多就不一一言明，這本書的內容除了忠實留下長期觀察植物的記錄外，滿載著更是我們留連山林田野的美好記憶。Tibu，感謝你！！

方紅櫻

Naau'e tapangx

序於 獵人書坊

2022/9/22

自序

尋覓植物世界裡的文化密碼

　　跟植物結緣完全是文化研究路上的一場巧遇。自己並非植物學專家，會涉及到花草樹木完全起因於部落生活經驗，我的童年生活早已蘊釀跟植物有關的知識，包括農作、狩獵、漁撈乃至撒野生活中，植物知識是日常，食衣住行都與花草樹木密切相關。為了生活，我們必須知道什麼植物可作食物、可以藥用、可以生火、可作陷阱、可作童玩，什麼樣的植物群落是野生動物覓食的地方，什麼植物有毒性不能碰觸，什麼植物可以在儀式活動使用，有什麼特別的禁忌，等等。這樣的生活經驗極為平常，好像沒有什麼特別值得贅述的地方，然而隨著自己逐漸關注自我生活文化，為了試圖理解自我族群文化精髓，身邊的花草樹木自然進入了探索領域，在很多生活層面可以看到植物所扮演著玄妙角色。

　　2010 年前後我們夫妻即開始蒐集鄒族植物文化資料，在花草樹木與民族文化之間往返探尋。這樣的經驗跟一般的植物學研究不同，在植物樣本中我們關注鄒族人如何命名？怎麼使用？植物分類概念為何？族人又是賦予什麼文化意義？這跳脫一般植物關於形態學、分類學、遺傳學、解剖學、植物分子研究以及植物傳播學等等範疇。當然，在做民族植物探究過程中，我們為了確認植物的學名、分類以及鑑定，避免在整理與書寫的資料上出現不必要的錯誤，於是我們邀請國立自然科學博物館的研究員嚴新富先生協助，他是一般植物學與民族植物學集於一身的專家，經常協助我們鑑定植物樣本學名以及別名，並分享他關於臺灣民族植物的研究心得，我們曾在部落及獵場採集植物，從工作的過程中我看到專業又執著的植物學家，是如何採集及整理相關的樣本及資料，讓我們有機會跨領域學習，我要特別在此表達謝意。

　　植物標本的採集，除了記錄自己從小就認識的植物之外，我們訪問了幾十位部落耆老。有些陪我們一起上山採集，耆老們沿著山路尋找並說明植物文化；有的年邁無法遠行，就由我們採集植物回來，請他們辨識及解釋。記憶中，我們在山林田野尋覓民族植物的行程，常常空手而回，採不到部落耆老可以解說的樣本。有時候我們想用植物誌圖片請耆老們辨認，但效果有限，耆老的植物知識是在現場以及實物才能極致

發揮。蒐集的樣本就一筆一筆拍照、做文字記錄，過程反覆進行，每一筆植物的資料是用時間慢慢累積起來的。當然有的植物是謎樣一般地存在，有些部落耆老講述的植物，我們始終採集不到樣本；有的植物即便採集得到，但跟植物文化相關的葉子或花朵卻拍攝不到；植物的生活利用方式，要完整拍攝也不容易。因此縱然我們蒐集了近六百種植物，因有些資料不足無法全部放進本書之內，實有遺珠之憾。

植物探尋之旅，讓我們理解植物知識根本就是一套文化密碼，是略民族生態智慧的關鍵，在這領域可以探索植物世界豐饒有趣的故事。能完成出版這本書，必須感謝接受我們採訪的部落長者，沒有長者們的知識分享，我們不可能寫出這本書。除了已歸天鄉的父母親之外，我採訪過的部落長者不少，有些已經年邁往生，包括浦勇民、浦石芳惠、杜襄生、汪念月、湯保福、石耀昌、石月媚、汪傳發、安炳耀、方東日、陳宗仁、湯友搖、汪萬興、汪漢輝、陳宗仁等；有些仍健在，包括莊碧琴、方開榮、方新忠、安金立、汪榮華、汪添勝、汪茂盛、莊新生、浦明忠、浦少光、方梅玉、摩奧・悟吉納、方傳光、楊英輝、莊良賢、莊清明等人，在此表達無限感恩。當然也要感謝財團法人原住民族文化事業基金會以及中正大學原住民族教育研究中心的出版補助，讓這本書有機會發行問世。本書是由「致出版」出版策劃、「秀威」製作銷售，承辦人張慧雯小姐專業又認真地處理各項工作，我的助理吳翊豪先生始終不辭辛勞地分擔協助，特別在此表達謝忱。最後，這本書是由我們夫妻合著完成，為了蒐集整理植物資料，兩老不知走了幾回山林獵場以及部落田野，時而撰寫靈感受阻，我們經常像個疲憊的獵人走在狹小的山路上迷茫煎熬，過程辛苦又溫馨迷人。Naa'u 紅櫻，謝謝有妳！

浦忠勇
Tibusungʉ poiconʉ

序於 獵人書坊

2022/9/20

目次

第一部

與植物結緣

I. 搖落楓樹葉子——鄒族概述

天神降臨玉山

祂搖落楓樹

楓樹果實落下，化而為人

這是鄒人的始祖

玉山是鄒人的聖山

鄒人跟隨天神在山林踩踏的腳印

建立部落

有一天巨鰻堵住大水出口

洪水氾濫大地

鄒人逃到玉山避難

那時鄒人跟許多動物一起在玉山生活

鄒人希望吃熟食

就派各類動物去取火

許多動物努力取火種

卻因濤濤海水阻隔，無法如願

只有臺灣藍鵲成功取回火種

螃蟹接受族人的委託

將堵水的巨鰻引開

洪水就退了

族人從玉山下山

又開始建立了部落

這是鄒族自古流傳的造人及洪水神話，天神在玉山搖落楓樹創造了鄒族人，並隨著祂的腳印在各地建立部落。我們可以說鄒人的生命源頭與植物緊密相關。這本書是關於鄒族的植物敘事，我們在花草樹木之間探尋鄒族的文化軌跡。

這裡講的鄒族，指的是嘉義阿里山地區及南投久美部落，人數約 6,000 餘人的小族群，不包括過去所稱的南鄒族。雖然不少日治時期的文獻都把南北鄒族視為同一個族群，如瀨川孝吉在其民族影像誌中，就將南北鄒族合併為一族紀錄，只是以不同社名作為區隔。然而，南北鄒族有不同的語言、神話、祭儀以及諸多相異的生活習俗及歷史演進，在文化辨認及認同上亦有各自歸屬，這也是為何南鄒兩支族群努力爭取正名，並於 2014 年成功成為官方承認的臺灣原住民族——卡那卡那富族、拉阿魯哇族。

為了清楚界定本書植物知識體系範疇，我們的調查範圍僅限於目前的鄒族地區，而且是在阿里山地區進行植物調查，訪談的鄒人也都是阿里山鄒族部落的長者，包括特富野社及達邦社所屬的八個部落，並未採訪到久美部落的鄒人。雖然調查未及久美魯夫都部落的鄒人，但同樣是鄒族範圍，語言文化相同，所以相關的植物文化敘事大致上可以通用。

2019 年由文高明等人（2019）合著之《鄒族久美部落歷史研究》專書，第八章之植物知識內容其實也是在阿里山地區所調查蒐集的資料，久美部落的長者認為，由於是同族同宗的關係，植物相關的知識差異性不大，特別是植物命名以及在儀式、農耕、狩獵及飲食等等植物利用幾乎相同，頂多可能會基於地區環境因素而有植物利用的微小差異，所以就沒有特別去久美部落採訪，當然如果時間允許，若將各部落的特殊植物知識完整採訪，本書之研究成果與價值應可更細緻紮實。

我們植物調查的地區從海拔約五百公尺的茶山、新美以及山美部落，以及 1,000 公尺上下的達邦及特富野部落，另外也到海拔 2,000 公尺上下的傳統獵場採集植物樣本，帶回部落請長者確認及講述植物相關知識。由於海拔高度有別，蒐集到的部分植物樣本及相關的利用自然有所差異，例如，我生長在特富野部落，對「咬人狗」這個植物就完全陌生，而妻子是新美村出生長大，就非常熟悉其特性。她經常提到咬人狗的葉子不能碰觸，否則皮膚會刺痛難受，但這植物的果實卻是很美味的野地食物，果實成熟後會呈現晶瑩剔透的雪白色，此時她們就會跟同伴們小心翼翼地爬到樹上，在樹枝上採摘果實享用，這是自己沒有過的童年經驗。因此，不同地方的孩子與長者，

依其不同的成長經驗，對植物的知識及身體技術上也自然而然地有所差別。同樣的，農作區以及獵區的植物調查，要採訪的對象也不盡相同，獵人懂得獵場植物，但部落婦女可能更了解田間草木及食用植物，祭儀主持人則可能更了解靈性植物的種類及使用方法，這樣的例子在調查過程中經常出現。

以玉山起源及洪水神話為建立部落之敘事主結構，鄒族以玉山為聖山，向西麓山林的曾文溪、清水溪以及陳有蘭溪流域建立部落，在鄒族口述文本中，傳統領域遠至荖農溪以西、濁水溪以東的廣闊山林。目前包括達邦以及特富野兩個部落大社，依然保有其傳統的男子會所以及各家族的禁忌之屋，也持續舉行 mayasvi（俗稱之戰祭）及 mee-ton'u（小米祭系列）儀式，因而傳統文化的保存還相對完善。我們的植物調查工作從傳統的物質、農耕、狩獵、漁撈、建築、信仰以及各類生活習俗等文化面向蒐集資料，願意受訪的部落長者還不少，能夠藉以詢問豐富的鄒族傳統知識。

II. 從荒野經驗到學術探勘

花草樹木與一個民族的整個文化息息相關、密不可分，這本書就是在討論鄒族生活與植物之間的關係。許多鄒人對各類植物的認知，大致源自於童年時期的部落生活與荒野經驗，這種經驗雖有點遙遠，卻無法抹滅或取代。老一輩的族人，童年歲月在部落山野出生成長，許多生活用品必須自住家附近的山林間取得，飲食、工具、零食、休閒活動的資源，都於週遭山林獲取，族人在山林間從事種植、採集及漁獵等各類傳統經濟生產活動。傳統耕作，早期主要種植小米、旱稻、樹豆、南瓜、香蕉、薏苡、扁豆等等維生雜糧，之後政府推動定耕農作，族人挖掘梯田種了一段時間的水稻，這時經濟作物逐漸進入部落，取代傳統自給自足的作物，陸續種植如棕櫚、苦茶樹、油桐樹、杉木、麻竹、石竹、高山蔬菜等等。農耕活動外，族人也會進入山林採集愛玉子、天門冬等植物販賣換取貨幣。

如果是一位獵人，在農閒之際會在山林間放陷阱，帶著獵槍四處巡繞，捕獵各類野生動物，筆者童年時也會跟著父親扛著村田獵槍打獵，或在野溪捕撈、垂釣或毒魚。族人取之山林、依賴山林的部落生活型態，構築了鄒族豐富又特別的荒野經驗，整個

生活浸潤在山水之間，依不同季節親近山水，如此年復一年地循環著。因而腦海印記早已認為：山林荒野是可居、可用、可食、可玩及可夢的豐饒世界。這樣的荒野經驗雖在往後快速現代化的過程中逐漸疏遠或斷裂，但對許多族人來說，童年時期的模塑與溫暖，是形構族人去接觸山林以及認識草木鳥獸的原初記憶，它是淬鍊自真實生命經驗的果實。

荒野經驗，讓族人擁有獨特又豐富的在地植物知識。對作者而言，植物世界的探討，已經不是生硬艱澀的學術研究，而是一趟溫暖的重溫舊夢之旅；研究是重新閱讀、品味與詮釋「荒野經驗」的過程，因而植物知識不再只是探究客觀嚴謹的生物科學知識，而是跨領域雜揉地將花草樹木扣連到土地、自我、家庭、部落、族群、文化、身分等極為廣闊浩瀚的民族領域裡頭。在探究鄒族植物世界的過程中，自我荒野經驗成了起點、成了動機，民族植物相關的討論完全紮根在部落的山水之間，以及鄒族文化的沃土上。

2012 年，作者參與國立中正大學臺灣文學研究所執行之國科會計畫——《阿里山鄒族民族植物敘事調查、整理與研究》。[1] 該計畫讓作者有機會將自我的荒野經驗與植物常識放在學術研究的脈絡上進行探究。這是一次與過去部落生活全然不同的經驗，因為要將自我在地的植物知識建構成學術議題，就必須涉及「一般植物學」和「民族植物學」兩種不同的範疇。

就學理而言，「一般植物學」要先去處理植物的分類、比對、鑑定、命名等程序，冠以精確的學名，藉此作為植物學研究的基石，其過程強調嚴謹無誤的科學程序；而「民族植物學」則強調植物在民族文化的功能與象徵，它涉及一個族群關於植物的認知、分類、生活利用、意義賦予及與諸多民俗、記憶等在地知識，族人慣習、部落風俗、族群認同及環境倫理也與植物相關，如鄒族會以金草作為部落神花，以雀榕作為部落神樹，這是習俗、信仰及植物利用的典型例子。民族植物學強調情境知識及文化脈絡，而一般植物學有其漫長的科學與歷史傳統，跟民族植物學有不同的知識門檻；一般植物學難以用客觀科學的分類與鑑定去解釋民族植物所涉及的文化內容，如植物

---

[1] 此計畫主持人為當年臺灣文學研究所所長江寶釵教授，本人為協同主持人，主要負責民族植物之採集及紀錄整理工作。另外也邀請國立臺中國立自然科學博物館嚴新富研究員參與，他是植物學家，主要負責植物的鑑定工作。特別在此要提的是持續跟我一起蒐集整理資料的人是妻子方紅櫻，她也撰寫本書植物誌內容及植物圖檔的整理。

在儀式、禁忌、習俗、飲食等等文化象徵,而民族植物的蒐集整理,同樣需要植物的鑑定與分類知識技術,讓植物敘事更客觀與系統性。本書雖是民族植物範疇,但也藉助一般植物學的工具方法,讓兩種植物學範疇相遇、相互對話與辯證。

也因此,在蒐集整理民族植物的過程中,需要一般植物學家嚴新富研究員的協助,我經常請他到部落來一起蒐集植物,也請他協助確認植物的科屬、分類以及學名。有時候是我將蒐集好的植物標本郵寄到臺中國立自然科學博物館,他再做鑑定工作。這是一段非常有趣又令人興奮的合作模式。從事民族植物調查研究工作,除了採訪部落耆老蒐集在地的植物知識,也學習採用一般植物學的分類、比對、鑑定與命名方式,將民族植物知識予以科學化。

民族植物學與一般植物學的結合,是當代民族植物研究的重要趨勢。另外,環境的差異性必然形塑不同的文化特質,生活在高山、平原或海島的民族,均依據不同的環境資源發展出不同的社會文化型態,並累積極為豐富並特殊的民族知識體系,臺灣高山民族如鄒族、布農族、泰雅族等族群,發展出來的狩獵和農耕文化;海洋民族如阿美族、達悟族等族群,發展出來的捕魚文化、航海技術以及野菜知識,都是具體的案例,他們利用其環境生態特質,逐步建立其生活技能和知識,發展出不同的文化型態。這些不同的文化型態都與植物利用、分類與命名息息相關。近 10 年來,作者採訪鄒族的長老、婦女、獵人、巫師及農民等,除了在農耕地區踏訪詢問,也在特富野部落傳統獵場採集植物,[2] 製作植物標本,並將調查資料逐步撰寫成植物敘事。另外,在採訪過程中書寫田野札記,側寫採訪過程中的觀察心得及重要對話內容,當然在過程中也拍攝了上萬張植物圖檔,作為資料整理與分析的依據。

在國立中正大學臺灣文學研究所擔任專案教師期間,我斗膽地開設了關於民族植物的一門課程——「植物與民族知識專題」。在課程中我嘗試帶領學生認識民族植物學的內容,理解民族植物學之意義與價值;其次介紹民族植物之研究方法、過程、資料整理、分類及詮釋途徑;再來是聚焦鄒族民族植物文化,特別是命名、利用、分類與文化詮釋的面向,進一步連結在地知識內涵;當然也安排部落採訪,做植物調查、整理、詮釋以及學術論述,最後也在課程中討論民族植物在生態學、環境倫理及文化

---

[2]　作者與植物學者前往鄒族特富野社傳統獵區採集植物,鄒語地名pngiana,屬霞山山脈。另作者也多次隨同部落獵人前往傳統楠梓仙溪流域獵區做植物觀察。

認同之意義。這樣的學術探索雖然與自我成長的荒野經驗有點距離，獲取植物知識的方法工具也有很大的差別，但學術研究與荒野經驗並沒有真的分開，我一直覺得沒有部落生活經驗就不會有後來的植物文化研究，反之，如果沒有學術探究舞台，就無法把自我、部落以及族群的在地知識做更深更廣的文化、土地及民族生態敘事。

III. 文獻裡的鄒族植物

不少日治時期的民族誌文獻中記載了許多日常生活所利用的植物，是探究鄒族民族植物的重要線索（如：中央研究院民族學研究所 2001；2005；衛惠林等 1951）。湯淺浩史（2000）所著《瀨川孝吉　臺灣原住民族影像誌－鄒族篇》一書是其中代表

之作。本書以圖像為主，輔以精簡的文字介紹鄒族的服飾、聚落與建築、農業、漁撈與狩獵、飲食、生活用具及其他相關的物質文化等，不僅紀錄鄒語關鍵語彙，也詳細紀錄調查的地點及南北鄒族的差異，可以理解其物質文化與植物利用的關係，書後附有索引可供快速查閱。該書雖然不是民族植物專書，但此民族誌資料有圖像，有文字，而且將植物利用融入到生活各領域去介紹，其實是民族植物學不可或缺的重要文獻。本書在寫作過程中也反覆閱讀，比對自己所蒐集的調查資料，希冀能從物質文化的圖文記錄中得到更多植物探究的線索。當然，其他的民族誌資料同樣也記載相當多的植物文化內容。

　　部落族人摩奧‧悟吉納曾經採訪部落耆老，紀錄鄒族植物利用及其植物文化、習俗等相關之札記，雖然資料內容簡易，分類未臻完善，卻是早期的第一手田調資料，基本上也涉及鄒族重要的植物知識及分類概念，是極其珍貴的民族植物文獻。這些田野資料僅於部落工作坊報告分享，始終未能正式發表出版。之後，摩奧‧悟吉納將資料提供給民族植物學者嚴新富接續增修資料，並納入王嵩山 2001 年主編之《阿里山鄉志》（湯保富 2001），成為其中專章「植物志」之部分資料內容。

　　《阿里山鄉志‧植物志》乃首次由植物學者從事部落田調及撰寫，為鄒族植物誌樹立了一座新的里程碑。論文第一部分，也是主要內容，探討阿里山的地理氣候屬性，阿里山的「山地植群帶」，以及阿里山地區的植物資源。同時，也表列出所蒐集的 347 種民族植物，標示學名及中文名稱，並簡約地述及鄒族之植物利用、民俗及文化意義，為鄒族民族植物資料建立完整的架構。在民族植物的概念、定義、利用、分類以及文化解釋方面，嚴新富指出：

> 人與植物均是大自然的一部分，自古以來植物與人類的關係密不可分。民族植物學又稱民俗植物學，是探討某地區之原住民族（或民族），在現代文明入侵之前，長久以來對周圍植物的利用方式，包括食、衣、住、行、育樂、醫療、宗教、禮俗等日常生活中所使用到的植物，或特殊的製作過程，其目的在紀錄先民對植物的使用方式，保存先民珍貴的文化遺產，研究內容除原住或居住該地區居民所使用的植物名稱，鑑定其植物學名外，尚包括該植物的採集、栽培法、特殊用途的製作方法等。（湯保富 2001：105）

　　嚴新富所提出的關於民族植物的重要概念，不僅清楚地說明人與植物之間的關係，為民族植物提出具體的定義及應研究的內容，更進一步地指出民族植物關於「採集、栽培法、特殊用途的製作方法」的重要概念，這不啻是民族植物論述的重要起步。然而，可能正如作者所言，由於受到研究時間的局限，該書民族植物之採集、分類及解釋似乎未能完全依照作者對民族植物的概念及原來的計畫循序進行，如植物資料名稱未能標示鄒語，使得植物名稱未能扣連到在地住民原有的鄒語意義與脈絡；或如一些部落植物，特別是與鄒族生活息息相關的植物，未能做出用途分類，記述的植物文化內涵也略為簡單，無法呈現鄒族植物利用以及賦予文化意義實際現象。

　　此外，2011 年由行政院農業委員會林務局出版的《鄒族植物之利用》（魯丁慧等人 2011），也是一本代表性的鄒族植物之作。這本印刷裝幀精美的民族植物誌專書，適合一般讀者閱讀。該書內容首先介紹鄒族的社會文化、起源傳說、地域分布、考古遺蹟、傳統技藝、狩獵文化、傳統祭儀、生命豆祭等等，植物利用則分為 11 種，包括作物、香料植物、野菜、副食品、野外求生、編織及染料、狩獵、生活及童玩、建材、民俗醫療以及眾神的植物等，總計有 81 種鄒族的民族植物，分別標示中文名、學名、科屬、英文名，大部分也標上鄒語名稱，附有圖檔，採中、英文對照的編輯形式，最後還附上植物名的檢索資料，是一本圖文並茂的作品。然而，如果依民族植物田野採集、訪談及資料整理的呈現要求而言，該書可以處理得更周全，例如，作者將南北鄒族放在一起介紹，未加以區分，也未區隔南北鄒族的語言文化以及植物利用之間的差異性，導致一些植物的鄒語名稱，無法確定屬北鄒或南鄒；其次，阿里山鄒語拼音多有誤植，外來語（日語）與鄒語混用未加區分，這也使鄒語名稱無法精確扣連到當代通行之鄒族拼音系統。外來語的使用應可作為民族植物重要的知識變遷與文化發展線索，據此可以探究族群關係與植物文化的互動過程，若能標示清楚，即可讓讀者更加容易掌握鄒族植物文化的現代性樣貌。再者，民族植物的採集整理過程中，若能真實呈現在地報導人的訪談過程、對象或內容，藉此建構更加貼近在地知識的客觀實證資料。

　　2020 年行政院農業委員會林務局嘉義林區管理處（2020）出版《鄒的植物書》[3]一書，蒐集了不少鄒族的民族植物，另外透過鄒族人的口述資料所整理出來的文本內

---

[3]　本書發行人為林務局局長林華慶，編策劃為嘉義林區管理處張岱，執行製作由種籽設計公司承攬，負責文字撰寫、插畫及編輯，顧問鄒族人高德生和莊蒼菁擔任口述者。

容，亦較前述所提到的文獻來得豐富。本書的文字精煉，用詞流暢，處處可見寫手的筆鋒創意，可以快速吸引一般讀者閱讀。另外，更特別的是手繪的植物圖檔，不僅筆工細膩，又能將植物的局部特徵繪製得具有特色，是一般使用照片檔的植物誌所見不到的風格，也是難以模仿的專業美編；不過也因為這個美編考量，遺漏了民族植物的在民族日常生活中利用的相關圖案，如黃藤、箭竹、山芙蓉等植物，若能將鄒人在生活中使用的物件圖檔呈現在插圖上，就能更加顯現植物與鄒人生活的緊密關係。就植物敘述來說，每一植物涉及的內容數量本就不一，有的單薄，有的繁複，這本書可能是篇幅所限，有些植物文化內容未能詳加記述，如關於五節芒僅約百字左右的記述，實在無法解釋這個植物在鄒族生活的利用方式、重要性以及文化意涵；或者，有些鄒語拼音錯誤，部分記述內容並非鄒族對該植物的知識概念，而是引述他族或一般植物的資料，脫離了鄒族原來文化脈絡，因而略顯貧乏，無法呈現鄒族植物更豐郁的文化內涵，讀起來仍舊略有遺珠之憾。

IV. 自我文化書寫

不同的族群文化，差異的生活環境，以及隨著時間逐漸上演的文化變遷，植物敘事也會披上特殊的樣貌。上述鄒族植物文獻資料基本已經相當豐富，作者也都有專業能力、科學理論與方法處理植物文化的知識課題。然而民族植物的關鍵目的是要呈現在地知識體系，所以它必須回到鄒族語言及實際生活裡頭去闡述植物文化，不論是植物的命名、利用及其被賦予的文化意義，若能掌握族群原有的模式和內容，就更能呈現植物文化應該有的獨特性格，這也許是一個族群所專屬的文化風采。

當然，筆者也明白，要詮釋或書寫自我族群文化容易陷於主觀式的視野盲點，許多習以為常的事物或現象早己經內化為不起眼的常識或習慣而被忽略，或無法敏銳地察覺出這些生活日常所扣連的文化意義，更看不出它們的重要性，因而總是經常提醒自己，要在自我文化與理論取徑之間、內在視野與他者觀點之間不斷來回反思。這是方法論的挑戰課題，我希望能將自我經驗及族群文化放在具有學術實證的研究過程中推展。所以在部落田野調查蒐集田野資料之際，希望能探究鄒人關於植

物的概念為何，如植物的命名、利用以及分類方式等，而非套用一般植物學的理論與方法。

在很多田調的過程中會安排受訪長者前往山林或耕地接受採訪，如果長者行動不便，我就會在山林耕地採集各種植物請他們辨認與說明，受訪長者可以自然又自信地講述關於植物的利用及相關故事，因為他認識這些植物，也理解它們在生活中的用途，講植物故事等於是在帶領我走訪一條文化軌跡，然後慢慢編識出一張又一張的文化網，這樣的感覺如同挖掘到活水泉源，起初如細細涓流，最後可能匯流成文化大河，如五節芒的故事採集便是如此。問起族人他們會講述五節芒是什麼動物的食物，芒草原可以進行焚獵，芒草原的地力肥沃，是刀耕火墾的好地方；五節芒可以作為收藏小米穗束的倉庫；五節芒可以作為房舍屋頂，也可以用來搭建工寮。另外，負責部落祭儀式的族人會講述五節芒可以作為禳祓祈福的器物，也可以作為象徵生命的芒草結；採收五節芒的地點及主要分布區域，也必然是族人熟悉的地方。如果將這些芒草故事彙整起來，可以發現族人關於五節芒的故事涉及了狩獵、漁撈、農耕、建築、宗教及地理空間等等生活範疇；換言之，在鄒族人的日常生活中處處可以見五節芒的利用，也可以看到鄒族人對五節芒知識的豐富細膩且多樣。這樣的知識是實際生活情境生成的知識，因而必須從族人的日常生活中去探尋才能深刻理解。

當然，除了在部落進行植物調查，仍得持續檢視自己所蒐集到的植物資料是否精確。每每進入田野調查之前，就要盤點自己的植物筆記，這些筆記是在部落生活以及採訪的札記，幾百筆的資料雖然能夠紀錄豐富的文化資訊，但整體來說還是零星沒有系統，很多植物未經鑑定與分類，於是經常在下列工作之間不停來回，如確認鄒族名稱、鄒族語意、中文名稱、植物利用與文化意義、科別碼，並確認其學名，接下來就是一筆一筆地登錄下來。

第二部

有趣的植物調查

I. 口述資料的價值

　　鄒族民族植物的採集、整理與文化探討並建構民族知識體系，正如上述所言，尚有許多可以努力的面向，我們一方面持續蒐集珍貴的植物資源及部落耆老口述資料，另一方面也在實際踏查與訪談的過程中找到民族植物研究的適切途徑。這是一次難得的經驗，我自己是長期在部落生活的鄒族學者，具有豐富的部落經驗，也熟悉部落語言文化，不僅在生活實踐中，也從父母、部落長者獲取諸多植物知識，然而在實際訪談與整理的過程中，仍然發現自己面臨許多需要克服的困境，如自己的植物知識不足等問題。於是我經常會向植物學者進行諮詢，當然學院派的植物學者也會面臨採訪、整理以及文化解釋的難題，語言上的隔閡就造成訪談對話的困難，對文化內涵的了解程度有限，若將蒐集到的植物知識放入族群文化脈絡討論，同樣有其困境。於是文化研究與植物學之間的對話是必要的，因為我們必須兼顧不同領域的知識範疇。在這樣的想法確定之後，我仍得將調查紮根在部落，也要紮根在部落長者的口述資料上，因為這些長者才是擁有並實踐這些知識的主體。調查工作主要就是採集植物標本，再找部落長者講述。以下是我在 2013 年進行民族植物調查的札記片段。

2013 年 1 月 14-15 日

第一天

　　第一站我們先去山美部落拜訪了安金立先生。

　　他是一位巫師，六十八歲，鄒語名為 tibusungu 'e yasiyungu。我們主要詢問他施法時所使用的植物，另外也詢問幾種在達邦不常見的植物，如 taimau（土密樹）、hoe（木鱉子）等等。安先生詳細地為我們說明了三種類型的 meipo（巫術施法）。

　　一類、平常施行之 meipo，要使用 tapaniou（小舌菊）、白米以及生水。

　　二類、對家屋施行之 meipo，要用活豬、山芙蓉煮製成的避邪籤條、打碎過的白米 tungva、yieu 白米酒以及五個 cnofa（用野桐 humu 包起來的糯米糕）。安先生表示，野桐有兩種，有一種稱為 humu-no-fuengu（白匏子），外型雖然很像，但儀式不能用。

三類、對祖靈 mamameoi 施行之儀式，用品與第二項相同，唯一不同的是要使用已殺死但尚未拔毛的豬隻。

我特別詢問他所使用的山芙蓉避邪籤條的製作方式。他表示，他目前所使用的是他父親留下來的，用到現在，所以他並沒有自己做過，他說籤條的做法，是將煮山芙蓉的外皮，切一點 t'ocngoyx 野生梅的樹心，使樹皮染成紅色，另外，他說也要加一點 voyx 藜實一起煮，因為污鬼會懼怕這個東西。

另外安先生表示，製作山芙蓉避邪籤條，是男性的工作，女人不能做，也不能碰這些東西，包括用來煮的鍋子，都是要用新的鍋子。煮完之後晾乾才使用，而且使用前要做 havi 的儀式，這是讓籤條神聖化的儀式。

安先生說，施行巫術使用 tapaniou 小舌菊的功能，是用此植物向天界神靈 m'eya-chumu 祈求水，巫師要用此水施行法術。如果一般人找不到巫師施法，也可以自己將小舌菊沾水，塗抹全身，這樣也可以驅除體內的穢物 kuisi。

安先生並沒有自己種植紅藜 voyx，他說種不起來，但為了要行巫術，他用一罐子裝了不少藜實。這也是巫師施法驅邪的道具。

我們也詢問山芙蓉的相關故事。安先生表示，山神 hicu-no-fuengu 喜歡將山芙蓉的花作為裝飾，所以山神會在盛開的山芙蓉樹停留，開花時不能丟擲石頭，另外山芙蓉開花的季節不能下水游泳。

安先生的家門前，長著一棵茄苳樹 sxvex。他表示，茄苳樹是各種鬼神喜歡停駐的樹種，特別老粗的茄苳，最好不要砍伐或折斷。在其家對面的 makuisana 地，即有稱為 sxsxvex 的地方，意即「很多茄苳樹的地方」，許多鄒族巫師都確認過，這裡的茄苳樹是山神的居所。我想，應該再找時間去補拍照片。

接著，安先生帶我們找 taimau（土密樹）以及 hoe（木鱉子）這兩種植物，這是南三村才有的植物，達邦以及特富野沒看過。族人觀念裡，土密樹的樹材堅硬，可用來作為家屋的柱子，或做刀柄、鋤柄等工具，當作柴火也很好。鄒語的 taimau，也是「鋤頭」之意。hoe（木鱉子）是藤蔓植物，也是南三村才看到的植物，鄒人將其嫩葉作為食物。

下午，我們前往特富野部落，沿路再確認幾種植物，包括阿里山十大功勞，以前誤稱為狹葉十大功勞，鄒語稱 mayxmx。

我們特別經過汪氏族的聖粟田 pookaya，主要目的是要確認小米祭會使用的 langia 黃荊，這一棵植物是由特富野長老所栽種的，是小米祭所使用的植物，

要將祭屋的 tvofsuya 做潔淨儀式，需使用這種植物。

另外，在路上我找到鄒語稱為 keesnanun'a 的藤類植物，其果實是小時候偶爾會吃的零食，中文名稱是「長序木通」。

傍晚回到特富野老家，忙著整理他所蒐集的植物證據標本；做法是用半開報紙將植物平放整理，一層一層疊起來，再用厚紙板壓平，再放進標本袋內，之後要進一步做鑑定及分類。

晚間，我們拜訪獵人浦少光，鄒語名為 mo'e poiconx，五十二歲，有豐富的狩獵經驗與知識。他住特富野 yaalauya 的簡易山寮，他提到了幾種與狩獵有關的植物，我們談到臺灣山枇杷的分類。嚴老師認為高海拔與低海拔的在分類上是同一種，但鄒人卻詳細地區分，高海拔的稱為 etuu，葉子較小，果實味道比較甜，有 etuu 的地方也是狩獵的好地方，因為掉下來的果實會引誘地面上的野生動物前來覓食，另外在獵人的觀念中，etuu 的彈力強，是很好的陷阱材料；而低海拔的稱為 kaituonx，葉子比較寬大，果實味道比較酸澀，這種植物在部落附近，只有松鼠和狐類動物較常覓食。這樣的分類法，鄒人依其生長環境與用途做了更細緻的區分，這讓嚴新富先生頗覺好奇，這是民族植物學與一般植物學的差異及有趣的地方，這也是民族植物學存在的價值吧！

另外也提到幾種小時候食用的植物，例如桑寄生 kupiya、熱帶葛藤 fsoi、懸鉤子 taumu 等等小時候的零食。我們特別提到小時候吃的植物果實，鄒語名稱不得而知，我們知道這種東西有毒，但可以吃一點點，不能吃多，否則會中毒，後來嚴新富看了浦少光帶來的樣本，鑑定為「麻桑」，嚴新富驚奇地問，「這是含有劇毒的植物，你們怎麼可能吃下肚？這確實是有毒植物，我們的報告要怎麼寫才好？」那夜相談甚歡，相約下回還要請浦少光跟著我們走霞山的狩獵古道，為我們解說一些狩獵植物。當天夜宿老家。

第二天

我們就在 seofkonana 以及往特富野這一帶山區看一些植物，浦少光的農園刻意種了一些與狩獵有關的植物，但今天沒時間逐一紀錄；他還種了一叢紐西蘭麻，鄒語稱 maolan，這是我知道的植物，族人會有來綁東西或背重物，以前族人就種在家附近，方便隨時取用，後來市場上多樣的繩索取代了紐西蘭麻的功能，因而沒幾家保留，我記得特富野陳明川先生的山屋旁也有種一大叢。我

們離開浦少光的農園，嚴新富認為下回再排時間詳細調查這裡的民族植物。

在往特富野的路上，我找到一株熱帶葛藤，我拍了幾張藤葉的照片，並預定下回要挖掘其可食的根部，到時再補照片。

今天我主要拜訪對象是汪益義長老。他是特富野部落祭儀的代表性長老，年紀我們特別詢問汪益義先生有關 fkuo 避邪籤條的煮法，這是我一直想確認的植物使用方式，也想確認其相關的意義，這次總算完成這個想法。我希望能把幾種材料找齊，包括 fkuo 山芙蓉，laksu 野牧丹，t'ocngoyx 野生梅以及 tubuhu（此植物我們尚未確認，待進一步調查）四種植物，最好能實際煮一次，並詳細紀錄其過程與意義。

汪益義長老特別把他用來煮避邪籤條的專用鍋給我們看，雖然不是新的，但他收藏在祭屋後的角落中，因為他認為，女人不能觸碰這個鍋子，這跟昨天安金立先生的說法相同。另外，他也特別把野生梅的樹心從祭屋內取出給我們看，這是他從達邦社長老以一萬元臺幣買來的野生梅樹心，小小一段，他珍藏著，我特別拍照作為研究資料，顏色呈暗紅色，他說現在這種樹已很難找到。

我發現安金立先生和汪益義長老對 fkuo 避邪籤條的認知相當一致，只是安先生認為，煮的時候要加藜實 voyx，而汪益義長老認為要加 laksu 以及 tubuhu，這是安先生沒有講到的材料。汪益義長老認為 laksu 是用來染色，而加 tubuhu 是增加神靈所喜歡的氣味。

2013 年 1 月 31 日

下午在特富野 seofkonana，yu'eo（亂石區），mafexsx（溼滑之地）以及 kakaemutu（栓皮櫟很多的地方）地區補拍植物照片。yu'eo，意即「亂石之地」，這個地方的確有很多大石頭散落在山坡地，不易耕種。山坡地主要種植麻竹、石膏竹、愛玉子。我在此拍了麻竹 pcoknx，這是族人常用的竹類。

mafexsx 鄒語即又溼又滑之地，這裡主要是山溝的岩盤裸露出來，而且溪水雖少，但終年不斷，因而整條山溝顯得特別溼滑，因而得名。山溝邊的臺地，已種植茶葉、咖啡以及愛玉子，愛玉子則是以人工使之攀附在赤楊木上。

kakaemutu 是蠻特殊的地方，因過去曾有一大片栓皮櫟的樹林而得名，因樹大茂密，顯得陰森，族人流傳著這裡住著能力很強的山神 hicu，還有族人表示

經常會看到這裡在夜間出現鬼火，我們小時候，父母親即交待不能到這個地方玩耍，也不要拍打栓皮櫟樹的樹幹，以免惹怒了這裡的山神。每回經過這裡，總是安靜地走著，不敢出聲。這裡的石氏地主要將這個山頭開闢為農地，在他們決定要將茂密的栓皮櫟樹林砍伐，好讓農作物長得好，他們信奉了基督教，在動手砍伐之前還以教會祈禱方式，祈求基督保佑他們。後來這個地方就成了農地，主要種植苦茶樹以及雜糧，近年來有的種雜糧及咖啡，現在有一大部分的土地租給漢人種茶。

在這段約兩、三公里的農路上，我拍了野桐、天門冬、羊齒草、山櫻、山芙蓉以及蛇木等等植物，這些植物都有特殊的民族植物意義。

- 野桐 humu，儀式用植物，葉子包裹祭神供品；另外，族人用其嫩葉可嚼啐敷在傷口上。
- 天門冬 seepi，族人曾挖掘其根販售。
- 羊齒草 thoveucu，鄒族小孩吃其塊根，野生動物也會吃。
- 山櫻 yuofonx，現在種的山櫻係外來品種，散佈在族人的農地之間，此時盛開，吸引多種鳥類前來覓食，今天看到成群的繡眼畫眉以及冠羽畫眉。
- 山芙蓉 fkuo，此時花期將過，族人認為，山芙蓉開花時，山神喜歡逗留在樹上，所以不能搖動或丟擲石頭，以免山神受到驚擾。山芙蓉是族人日常生活常用的植物，包括儀式用的籤條都是用其樹皮製成的。
- 麻竹 pcoknx，竹筍可食用之外，這種竹子在鄒族社會的用途很多，我應該將麻竹作為一個調查單元，詳細紀錄族人種植麻竹的歷史過程，這也可以顯示族人近幾十年的經濟發展概況，而且應該可以紀錄很多故事。
- 蕨 yiei，我拍了青嫩的蕨草，這種是小時候吃的野菜，煮之前要先用爐灶的灰一起煮一陣子，煮之後再清洗，油炒當作家常菜。現在族人幾乎已經不吃這種菜。

在回程途中，我在芒草原中尋找小時候吃的 apu'eoza、fa'a 以及 cuhu，但都沒找到。這是初生的五節芒內部有蠅類幼蟲寄生，因而五節芒就特別肥大，我們就採來吃，連同寄生幼蟲也一起吃下肚。不知是什麼原因，這種變種五節芒已經很少見。另外，我沿路摘採龍葵 mici 作為晚餐食物，這是從小到現在都在吃的野菜。

在這樣的調查過程中，我們希望儘量找到具代表性的人物，如巫師、部落祭儀主持人、獵人、農夫等，因為他們在工作場域中更了解植物的相關用途和文化意義。另外，我們也注意到男女性別不同，他們所擁有的植物知識也有所差別。男性以狩獵為主，對獵區植物比較熟悉，而婦女長年在農作地區，對田間的花花草草較能清楚掌握。

這樣的札記雖然簡略，但我們長期紀錄，也對植物拍照，逐漸累積資料。當然，我和妻子紅櫻就是從小在部落長大的孩子，至今也已經到了銀髮之年，我們認識的植物也不算太少，特別是生活用品或食物材料，另外自己也從事狩獵活動，狩獵相關的植物從小就了解一些，我們在調查過程中也紀錄了許多自我經驗的植物資料。

II. 植物與生活空間

　　鄒族民族植物之利用以及文化詮釋，絕對不只限於上述所列之食、衣、住、行、育、樂及祭儀、習俗等生活面向，植物文化還更深入地織入鄒族的各個生活領域之中，鄒族就有許多地名是用植物來空間命名，舉例如下：

cocohu（姑婆芋多的地方），在特富野部落東方山區。

c'oc'osx（樟樹多的地方），在里佳村。

e-emcu（藤蔓多的地方），在特富野部落東方山區。

fahiyana（杉林之地），在鹿林山南側。

feofeongsx（臺灣金狗毛蕨多的地方），在特富野部落東方之耕作地。

fnafnau（赤楊木多的地方），在特富野部落北方山區。

hesiyana（臺灣原生蘋果樹多的地方），在今阿里山地區。

kakaemutu（鬼櫟多的地方），在特富野部落東方山區。

kuicitpoi（邪惡的箭竹之地），霞山主峰山林地帶，鄒族獵區。

lalaksu（杜鵑多的地方），在特富野部落東方山區。

lalauya（楓香多的地方），今之樂野村所在地。

nockx（牛乳榕多的地方），在山美林達娜伊谷溪上游。

'oe'otx（火管竹多的地方），今特富野巴沙那地區。

pipiho（咬人貓多的地方），在楠梓仙溪上游地區。

pcopcoknx（麻竹多的地方），在樂野村。

pipiho（咬人貓多的地方），在楠梓仙溪上游。

psoseongana（生火用之松樹多的地方），今之阿里山地區。

sasango（粉薯很多的地方），或是（箭竹很多的地方），此地在樂野村南方山區。

鄒語 sango 有兩種意思：粉薯、箭竹類。

smismiyana（烏心石多的地方），在特富野南方山區。

susuai（芒果樹多的地方），在山美村西北方山區。

sxsxvex（茄苳樹多的地方），在山美村第七鄰山區。

totongeiho（蜘蛛抱蛋多的地方），鄒族獵場，在楠梓仙溪流域上游七溪附近。

tutubuhu（中文名待查），在楠梓仙流域上游獵場，原水山村舊址。

voveiveiyo（白芒草多的地方），泛指嘉義平原地區。

yalauya（有楓香的地方），在特富野部落東方山區。

yoyohu（臺灣蘆竹多的地方），在樂野村。

yoyove（楠木多的地方），在山美往里佳古道山區。

（摘自 浦忠勇 2013a：19-23；2013 b）

　　這是鄒族常見的空間命名方式，以當地植物來指稱地名，這樣的地名特性，除了有鄒族語言構詞的特質，還可以藉此地名扣連環境特性以及植物群落，這是民族植物深入語言、空間、植被等不同生活領域與概念的具體例子。因而，鄒族民族植物是值得再去深入探索的世界，在這領域還有許多未被發現的傳統知識。

III. 五節芒的啟示

　　民族植物誌與一般植物誌最大的差異，除了植物分類與鑑定外，更在於植物的文化解釋上，植物與人類生活的密切關係本來就是民族植物學者必須深入探討的內容，有的植物利用很簡單，有的植物利用則極端複雜，簡單或複雜就得深入該族群的文化肌理才能窺見，不同的族群對同種植物的利用情況或有相同，但因各族群生活的生態環境不同，生活型態也有差異，對植物的利用也就產生不同的方式，其文化意義也呈現紛歧多元。以五節芒（鄒語稱 haengu）的利用為例，可以看到五節芒是如何深入一個高山族群的生活領域中。

haengu 是五節芒的統稱。鄒族依五節芒不同生長階段，詳細地區分其不同的名稱。初生之嫩芽稱 cuhu，可食用，野生動物如山豬也會吃。

初長之五節芒稱 fexfex，可以作為驅邪儀式道具，也作為小米播種祭的祭儀物品，因其水分多，可作為野地解渴之用。鄒人認知中，fexfex 是野生動物的食物。

鄒族有稱 fexfex-no-yata'uyungana，這是指初生芒草中最粗壯的那一支，至於為何指稱高氏，這個故事值得查詢。

長成之五節芒稱 haengu，可作屋頂覆蓋之用。

可以作為屋牆之芒草莖稱 hipo。

當五節芒老死，枯乾芒草莖則稱 esmx，可以當柴燒。

另外，青嫩的五節芒的心因為被蟲進入產卵而呈肥厚狀，稱為 apu'eoza，特別肥厚的稱 fa'a，這是鄒族小孩的重要零食。

ngocngi 是指五節芒的花，可以作成掃把；另外，如果土地久未整理，芒草長得很多，又開了花，鄒語稱 ngongocgi，這種說法暗指田地主人懶惰，沒把田地管理好。

鄒族獵人喜歡在大片五節芒草原的獵區中，利用乾季期間，進行焚獵的狩獵行為，焚獵是鄒族重要的團獵活動。

鄒族傳統住屋、男子會所、工寮和獵寮的屋頂用 haengu 覆蓋；住屋用 haengu 做隔牆。

先占標誌及指示標誌，鄒語稱 tomohva，用 haengu 製作。

鄒族小米祭在聖粟田用 haengu 製作小米女神之屋；鄒人在小米祭使用 haengu 製作象徵家族生命的 vomx；用 haengu 製作祝神儀式 sx'tx 的祭神器具，鄒語稱為 snoecava。

鄒族使用兩支五節芒草做驅邪儀式 epsxpsx。

鄒族統計人口也用五節芒草莖實施，其過程是各家族依人口數量製作象徵生命的芒草莖，各家家再把這些五節芒草莖繳交給負責統計人口的長老，此長老稱為 ak'e-tutun'ava，長老再將所有的芒草莖統計部落人口數量，並用山芙蓉 fkuo 籤條繫綁在一起，並為之做祈福儀式。

生長在高海拔的五節芒鄒語稱 ptiveu，鄒人認知中，這種五節芒只能作為工寮或獵寮的材料，不會用來搭蓋正式的房屋、小米祭屋與男子會所。

（摘自 2013 年浦忠勇田調資料）

我們可以從一長串的訪談採錄的豐富內容看出，五節芒這種植物是如何深入到鄒族生活肌理之中，從飲食、建築有形的物質性的利用，跨界到宗教儀式等超自然的領域。鄒人將五節芒分成 haengu 以及 ptiveu 兩類，而且認知與用途也有差別，這個現象我特別問了研究伙伴嚴新富先生，他表示：「在中文名稱上都稱為五節芒，沒有特別去細分」，這使我感到特別好奇，因為鄒族已從其生長環境、植物特性以及實際的植物利用予以分類，這應是民族植物與一般植物不同的分類觀點，值得關注。另外，鄒族對五節芒的文化認知與解釋，也完全超出一般植物學的理解範圍，甚至可以說，五節芒在鄒族世界裡已經成了不同範疇的植物知識，因而深入族群文化肌理去解釋植物的利用，是透過植物文化形構民族知識體系不能忽略的一環，否則將無法領域民族植物的有趣的人文特質。五節芒只是例子之一，深入鄒族生活習俗的植物非常多，我們可以說鄒族的生活是被各種植物巧妙地串起來的。

IV. 山芙蓉的差異詮釋

由於沒有文字的緣故，許多原住民族傳統在地知識的實踐，一方面是在生活中去理解，並在實踐中代代傳承；另一方面則是透過口傳的方式，把重要的知識保存。因而生活實踐與口頭傳述成了原住民族知識體系傳承的重要方式，在採集民族植物知識，也就得從實踐與口傳兩方面切入並獲取資料。口頭傳述的資料具有變異性，不同的報導人會有不同的認知、記憶和講述內容。

我們在部落採訪鄒族重要的民族植物「山芙蓉」，鄒語稱 fkuo，這是鄒族重要的植物資源，鄒族戰祭所用之避邪籤條，就是用山芙蓉樹皮製成，製作時要用薯榔的汁液染成紅色。山芙蓉在年末季節開花，據傳山間精靈鬼神會在山芙蓉駐足停留，所以不能用石頭丟擲山芙蓉。另外，鄒族人也會利用山芙蓉的樹皮製作背帶或作為捆綁物品之用。鄒族地名有稱為 fkufkuo 之地，意思是「很多山芙蓉之地」，此地在樂野社東方。總之，山芙蓉這種植物同樣深入到鄒族的文化肌理內層。

為了確認山芙蓉避邪籤條的製作過程，我們特別訪問了一位巫師，他表示：

> 避邪籤條的做法，是將山芙蓉的外皮剝開，切一點 t'ocngoyx 野生梅的樹心，使樹皮染成紅色，另外，也要加一點 voyx 紅藜實一起煮，因為污鬼會懼怕這個東西。（摘自 2013 浦忠勇田調資料）

這位巫師詳細地說明了籤條的製作過程，並指出製作所需的植物包括山「芙蓉樹皮」、「野生梅樹心」及「紅藜實」三種，他也認為這是不能少的植物。之後，我們又到另一個部落採訪一位長期主持部落儀式的長老，同樣詢問避邪籤條的做法，這位主祭長老表示，製作時要使用「芙蓉樹皮」、「野生梅樹心」、「野牡丹」以及鄒語稱為「tubuhu」（澤蘭屬）等四種植物。於是我驚訝地發現，此一重要的祭儀用品的製作過程，我們認為族人的記憶應該很清晰，並且趨於一致，但這兩位長老竟也有如此差異的認知、記憶以及製作方法。我們可以推測，族人對其他一般植物利用的認知和用途的歧異性。面對這樣的現象，作為一個研究者所能做的，不是去判斷誰正確，因為它確實是訪問得來的在地知識，而是必須詳細紀錄採訪內容、地點、時間以及報導人的資料，因為這些資料或許可以提供一些理解與分析的線索。

這位巫師施法時經常會用到「紅藜實」這種植物，這是驅邪所用的儀式用品，所以他認為在避邪籤條上加「紅藜實」似乎也是理所當然的事；而另外主祭長老是一位部落儀式主祭，也同時是一位獵人，他認為 tubuhu 的氣味是山神所喜歡的，所以要加入在避邪籤條的製作過程中。有了這樣的報導人文化背景的資料之後，我們就能據此推測這些口傳資料變易之可能原因，這也文化詮釋有趣的方法路徑，我們不會追求植物意涵的統一，反而保存它的歧異性，因為不同生活文化背景的族人會就自身的角度立場，提出植物的利用方式以及文化解釋。

V. 咬人狗的故事

　　民族植物之分布，隨著不同環境、海拔而有不同，這也使得不同部落的族人對植物的認知存在一些差異。在部落田調的採訪中，我們請一位長老帶我們找 taimau（土密樹）以及 hoe（木鱉子）這兩種植物，這是鄒族南三村（包括山美、新美以及茶山等三個村落）常見的植物，但達邦及特富野部落的族人就沒看過。族人觀念裡，土密樹的樹材堅硬，可用來作為家屋的柱子，或做刀柄、鋤柄等工具，當作柴火也很好。鄒語的 taimau，也是「鋤頭」之意。hoe（木鱉子）是藤蔓植物，也是南三村才看到的植物，鄒人將其嫩葉作為食物，達邦及特富野的族人同樣對這種植物陌生。在部落採訪中，就聽到一則「焚燒 taimau」的故事：

> 有一位達邦村的男子娶了茶山村的女子，依鄒族傳統習俗，這位女婿就到茶山要為老婆娘家工作一段時間，這個習俗稱 fifiho，工作當中，他的岳父交待這位女婿，「去把 taimau 全部拿來燒吧！」這位女婿很聽話，二話不說就把所有的鋤頭農具拿來焚燒了，這個行為讓岳父極為不悅。原來，鄒語的 taimau 有兩個意思，一是鋤頭，二是土密樹。這位來自達邦村的憨女婿，只知鋤頭，不知土密樹，結果就做了令人啼笑皆非的糗事。

（摘自 2013 年浦忠勇調查資料）

　　這種因為空間與環境差異導致對植物認知不同，而出現的行為差異，其實隨處可見。特富野部落的人不認得 hoe（木鱉子）這道桌上佳餚，也不知道 feisi（咬人狗）的大葉子會傷人。曾有特富野部落的族人到南三村的途中，在解便時順手摘取咬人狗的葉子擦屁股，結果疼痛不已卻還不知是因何而起；而新美村的孩子就沒吃過 keesnanun'a（長序木通）的甜美果實，也很少有被 piho（咬人貓）叮刺的經驗。另外，

　　有些植物的命名，不同村落也會有所差異，特富野社稱昭和草為 s'os'o-mihna（鄒語意思是：剛剛出現的草種），在別的部落也許會稱 faaf'ohx（鄒語意思是：寬葉子的草種）。這也是受限於空間環境的植物認知，甚至出現令人會心一笑的行為，這些是採訪過程中常見的有趣現象。

VI. 獵場有原生梅樹嗎？

　　原住民族生活與植物息息相關，採集植物也考量其便利性，食、衣、住、行、育、樂以及儀式相關的植物，其實大部分就在部落附近，族人不需要大費周章地遠行尋找可用的植物，試想，部落族人如果生了一場病，他應該不會遠走楠梓仙溪獵場去採月桃、葛藤等藥用植物；如果孩子想吃零食，父母親也不需要走一天的路去採野桑椹或

百香果;換言之,大部分的民族植物就在族人方便取得的地方,所以民族植物的採集可依「先部落,後獵場」的順序去採集訪談。

這次我們為了採集更多跟鄒族狩獵文化相關的植物,我和研究伙伴相約前往鄒族的傳統獵場 pngiana 實地採集。這是在霞山山脈的傳統獵場,植被非常豐富,我們在山林間採了一整天的植物,標本包括喬木、灌木、蕨類以及各類雜草,數量近二百種,我們將標本裝入大袋子,全數扛下山帶回詢問部落長老對這些植物的相關認知及利用。正如我們所預期的,部落長老可以指出其名稱及用途的種類並不多,這也說明了民族植物主要是在部落附近的山林或田野,甚至有些植物是族人刻意移植在部落周圍,這樣就方便取用,同時也印證了民族植物調查應以先近後遠、先部落後獵場的順序進行。

當然,並不是較遠的獵場就可以忽略,因為不同的空間環境就可能有不同的物種,部分特殊植物只在獵場才能找得到,如鄒族製作避邪籤條所需的原生梅樹,鄒語稱 t'ocngoyx。因為有鄒語專有名稱,所以推測它應該是很早以前就是鄒人所識並利用的植物。我們採訪的長老及獵人都表示:「這種植物很少,部落附近根本找不到,要到楠梓仙溪上游的山林才能找到」。有一次我特地前往楠梓仙溪上游,想尋找原生的梅樹,我們確實在峭壁上看到幾棵梅樹,生長形態跟一般的梅樹差不多,但峭壁太高無法採取樣本回來鑑定。當然,我們對這類特殊用途與意義的植物感到好奇,於是詢問野生梅樹生長的區域,一位獵人表示:「楠梓仙溪上游地區,有一地名鄒語稱 t'ocngana,意即生長原生梅樹的地方,那裡可以看到不少梅樹」,心想,都已有以此植物為名的地方,這種植物更應該列入鄒族植物的清單內才是,只是至今仍未踏查到這個地方,所以也就無法帶回梅樹標本。至今,我依然覺得原生梅樹存在與否是個懸案,它依然在未知的植物知識帷幕內,是鄒族植物學尚待確認的題目。而這樣未確定的植物種類還不少,只是可以詢問的部落長老已經愈來愈少。

VII. 酢醬草的喻義

　　一個民族的性別差異與分工現象,也會反應在植物的認知與利用上。擁有狩獵禁忌的鄒族,傳統上禁止女性參與狩獵活動,女性對獵區的植物比較陌生是合理的現象。另外,許多部落儀式如戰祭、小米祭等也都以男性為主祭,女性對儀式用的植物及其製作過程,同樣無法如男性那般熟悉。但女性對住家四周及田野耕地的植物認知與利用就比較詳盡。有一回,筆者在部落訪談一位獵人,詢問他一些住家四周雜草的名稱或用途,他立即表示他比較知道獵場地區的植物,特別是動物喜歡的植物,至於

住家四周的雜草，他認得的很少。就在當時，我又採訪了一位老婦女，詢問一些我在田間找了的幾種常見植物，這位婦女指著路邊的花樹當場為我解說了幾種植物，這些植物對男性獵人來說比較陌生。當天我紀錄的植物資料如下。

> kulatx，牛筋草，有好幾種，對農作物很不好。kulatx 是鄒族女性名字。
>
> kulat'e-hipsi，兩耳草，鄒族人不喜歡這種草長在田地之間，因為很難拔除乾淨，對農作物不好。
>
> thohexcx-no-buhci，原意是「會黏老鼠的草」。
>
> taivuyanx，田間草，婦女說這種草噴農藥也不會枯死。taivuyanx 是異族名稱，今之卡那卡那富族。
>
> hiocx，冇骨消，火烤之後貼敷在腫痛處。
>
> seebunku，火炭母，嫩葉可以吃。
>
> samaka，苦苣，可以吃但味道太苦，大都採來餵食雞鴨。另外，如果養的公雞都不會找母雞交尾，婦女會採苦苣拍打公雞的屁股五次，拍打時要唸 coekeasu，鄒語意思是「你要風流一點」，這樣公雞才會找母雞促進生產行為。
>
> （摘自 2013 年筆者田調記錄）

在老婦女眼中，這些植物不僅熟悉，還能如數家珍般地一一說明它的用途及意義，但擅獵的男人也許就不會這麼清楚。那天我們在部落庭院的菜園聊天，這位婦女又指出園中一種巫師使用的酢醬草，鄒語稱 pexs'x，她接著說明：「這是巫師幫族人施法求得懷孕所使用的植物，這種植物的果實會跳起來，如果是用這種植物施法懷孕，那麼生下來的孩子的脾氣會比較暴燥易怒，如同這種植物的果實，一碰就跳動」。在一旁的獵人似乎未曾聽到這樣的植物故事，在田野調查的過程中，性別差異導致對植物認知的不同，是調查過程中值得留意的現象。

VIII. 殼斗科帶來的困惑

科屬的分類與鑑定，是進行植物研究的重要基礎。民族植物同樣也需要此步驟，這樣才能將在地名稱（原住民族語）精確地扣連到植物科別、中文名以及學名，留下來的名稱資料如果只是某一民族的語言，對往後的植物認定及相關的後續研究將產生困擾，有不少民族誌資料就有此缺憾，在文化的解釋上雖豐富深入，但所指出的植物名稱常與一般植物名稱無法相連比對，在沒有足夠且精確的線索下，最後就無法確認文獻中所指的植物類別，因而精確無誤的分類與鑑定已成為民族植物研究工作不可缺少的程序，如植物證據標本的系統處理，即是民族植物研究者必須做的工作。

在我們植物調查的過程中即不斷面臨難以分類與鑑定的情況。以殼斗科為例，這種植物在鄒族的生活領域，特別是狩獵區域是隨處可見的樹種，它們是野生動物的食物，因是鄒族傳統獵場極為重要的植物，每一個獵人都得熟悉獵場區域內的櫟樹種類與分布，也要清楚這些不同櫟樹的生長週期，以作為狩獵活動的常識。鄒族獵區的殼斗科植物栓皮櫟、青剛櫟、大葉石櫟、杏葉石櫟、鬼櫟、臺灣苦櫧、長尾栲以及狹葉機等，如果再加上自外引入的板栗，就有九種之多。這些同一科樹種，有的外觀看起來很類似，果實和葉子長得也差不多，我們採集樣本帶回部落詢問族人，也不見得能得到正確答案。

鄒語名稱及中文名稱均難以確認，在鑑定上就出現問題。我們也試著利用植物圖鑑等各種可取得的工具書進行比對，如林奐慶（2020）《臺灣橡實家族圖鑑──45種殼斗科植物完整寫真》這本書，其圖文並茂，可以作為植物比對的工具書。但殼斗科的生長外觀有的相似度很高，不易確認，這就造成紀錄上的極大困擾。

植物分類與鑑定本來就是有一定的難度，鑑定者必須接受植物學的專業訓練才能勝任，因而跨領域的合作研究是不錯的方式。我們採集標本之後，關於鄒語及植物利用的問題，筆者負責詢問部落長者，而植物學鑑定工作就交由團隊的植物學家去研究克服，這樣的合作模式可以稍微解決植物鑑定上的困擾；然而我們實際上仍遇上不少無法解決的問題，因為要完整採集到殼斗科的植物樣本，至少包括葉子、花朵、果實以及植物生長形態等，如果有標本以及清晰的照片最好，但這些植物分散在獵場山

林，然後是林間高聳的喬木，而且這些植物並不是每一年都會開花結果，要取得完整的樣本實在困難，因而我們花了好幾年的時間才逐步進行比對鑑定。這種麻煩的調查過程也經常出現，例如我們處理懸鉤子這一物種，鄒人的取名很特別，包括山羊的懸鉤子、山羌的懸鉤子、河鬼的懸鉤子、蟾蜍的懸鉤子、可食的懸鉤子等五種，鄒名、別名以及學名的確認，也讓我們處理了好一段時間才完成，此過程也印證了民族植物探究必須要有跨領域的協力才能進行。

IX. 馬桑的毒性要怎麼寫？

為發掘保存原汁原味的在地知識，「尊重在地知識，完整呈現在地報導人的口述資料」，這樣的觀點一直是民族植物研究者奉行的重要原則。然而，在我們做植物調查的過程中，也會碰到一些研究倫理的問題。有一回在詢問「馬桑」這種有毒植物的用途，被採訪的報導人均表示：

> 這種植物的果實，成熟的時候呈深紫色，我們知道它有毒性，但我們知道吃一
> 點沒有什麼關係，所以我們都會摘一些來吃，味道有點甜，是我們走在路上的
> 零食，我們也知道，部落曾經有人吃了這種果實中毒死亡，所以不能吃多。

（摘自 2013 年浦忠勇田調資料）

這樣的口述資料著實讓研究伙伴直覺不可思議，因為在所有植物當中，馬桑算是劇毒植物，而且是整株都有毒性，更詭異的是這些報導人也都清楚部落曾有人因為吃了中毒身亡，然而傳統部落族人卻把這種植物視為零食，而且我是一再進行確認，連部落耆老也說，這果實是可以吃的，但不能吃太多。這樣的口述資料雖然是特例，但卻也讓我陷入另一個難題：「該

如何詳實紀錄馬桑的毒性呢？如果讀者也好奇地吃了一點果實怎麼辦？」有些在地知識如何在普羅大眾之間安全地被傳遞、認識，這已涉及危險的研究倫理課題。這樣的問題也在毒魚藤、楊波以及巴豆等毒性植物的利用上出現，因為使用當下可能會危及身體安全，也可能造成河川生態毀壞，這是在地知識傳承必須留意的問題。另外，各式各樣的野生果實以及野菜的食用，也可能出現類似疑慮，例如鄒人過去會吃一些蕨類植物，但有的具有微量毒性，鄒人會有特殊的去除毒性製作過程，像是先用灰燼煮過之後才能正式烹煮。因此，民族植物的敘事也許可以用浪漫的筆觸，但有些可能必須掌握其詳細的知識及技術內容，避免在文字閱讀中衍生枝節。

X. 山櫻花的認同式微

探討外來植物的課題，基本上涉及了原住民族的植物的自然繁衍、移植、族群互動、植物認同以及環境倫理，甚至涉及整個部落的環境史（environmental history）。在這樣的自然探索，不只可以多識草本鳥獸之名，也可以在田野踏查中享受自然寫作的荒野況味與美學敘事，主要更能從自然生態體系來爬梳生態殖民主義（Ecological colonialism）的幽靈是如何深深地鑽入原住民族的土地，這樣的幽靈改變了族人對環境認知、植物知識以及文化概念，這是在民族植物調查必會面對的課題。我們蒐集了一些鄒族使用外來語的植物資料，從這樣的現象可以在民族植物關於文化移借與族群互動有更多的想像。

從古至今，臺灣原住民族有著最豐富的荒野經驗與土地倫理，狩獵、漁撈與農耕活動，無一不與土地環境有著密切不可分割的關係，知識體系、社會規範或宗教信仰，也在這樣的基礎上被建構起來，然而土地環境與植物知識並不是固定不動的。在調查或觀察民族植物的過程中，清楚地發覺這樣的知識體系早被生態帝國主義（Ecological imperialism）啃噬殆盡，許多族人對傳統植物生態的認知，幾乎只在部落耆老的腦袋裡孤獨地被留下來，而且記憶愈來愈模糊。族人對原生植物的漠視，甚至對這些植物潛存著鄙視或貶抑的想法，也是常見的現象。部落到處種植重瓣山櫻花，偏不見族人種植原生的山櫻花；族人在庭院種了玉蘭花、小葉欖仁、聖誕樹或黃金風鈴木，卻砍

伐了原生的楓香、構樹、櫟樹或山枇杷；許多身邊的景觀植物，寧願選擇外來品種，細心栽植玩賞，也累積了不少的園藝知識，卻對家園隨處可見的野生品種極度陌生，這已呈現嚴重的文化失憶現象。

　　經濟生活，同樣改變了族人對植物的認知。部落經濟作物上，老一輩的族人熟悉山棕、麻竹、桂竹、柳彬、苦茶、油桐、愛玉等作物，年輕一代熟悉茶葉、香水百合、咖啡樹、柿子、梨子、芒果等新作物，經濟作物提供利潤機會，也提供族人維繫現代生活方式，催逼著族人熟悉消費市場上需要的植物栽培知識，卻也因此割裂了族人的自然認知與傳統知識體系。

　　對傳統植物與自然生命體系認知的轉移，也深刻地改變了鄒人的植物敘事與美學認知，換言之，許多外來種是美的，而原生種卻披上野生、野性的外衣。我們跟著日本人稱外來種的櫻花為 sakula，每年總要期盼櫻花盛開的季節，卻稱原生臺灣山櫻為 sakula-no-nghou，意思是「彌猴之櫻」，沒人理會它的存在；我們跟著日本人稱外來種的柿子為 kaki，卻稱原生臺灣柿子為 kaki-no-nghou，意思是「彌猴之柿」；「彌猴之櫻」、「彌猴之柿」，似乎呼應著族人對臺灣彌猴野性、輕佻、調皮搗蛋又賊頭賊腦的負面意象。

我們再看小米所構築的文化網絡。小米這一作物，在鄒族神話裡是一位文化英雄從地底世界取回來的穀物，有其神祕外衣，是鄒族傳統的主要糧食，所以許多鄒族的宗教儀式、生活知識以及社會規範，都與小米文化緊密相連。農耕儀式內涵扣緊著鄒族傳統經濟生產，鄒人初春種植小米，氏族長老行「占夢」儀式，之後帶領家族開闢小米田；接著，各家族在祭屋內舉行小米播種儀式，揭開農作序幕，並祈平安與豐收；三、四月間，再舉行除草祭和除蟲祭；七、八月，是小米成熟的季節，全部落在祭團的帶領下，隆重舉行收穫祭，這個儀式主要包括潔淨、團圓、慶豐收、感恩、祈福、家族共食、家族互訪、飲新粟酒、長老會議以及祭祀山神等儀式意涵；在長老會議中，討論部落的重要事務，並決定舉行部落戰祭儀式，該儀式大致包含迎神祭、團結祭、成年禮、男嬰初登會所禮、路祭和歌舞祭等等。繁複的儀式，在時間上，貫穿了全年的生產時序，將農作節期構成「系列年祭」；在空間上，包括氏族祭屋、農作耕地、部落會所和氏族的獵區，連結鄒族與土地的關係；儀式進行的人員和順序，有的由部落領袖發起，有的由家族主祭帶領，男女分工，全體參與，藉此儀式行為，鄒人實踐各自的社會地位和角色；儀式詮釋了人與人、人與神、人與物之間的關係。

正如上述，五節芒和小米的使用，猶如一張綿密清晰的文化網，為部落的分工、財產分配、土地利用、社會組織與規範，形塑社會秩序。為了維護這樣的秩序，宗教儀式附著了豐富的神話、傳說和禁忌，作為儀式文化的詮釋系統。農耕生活涉及精神與宗教層面，傳統鄒人，在當中安身立命。由此可見，對鄒族社會來說，小米知識與文化幾乎成了支撐整個部落秩序的支柱，傳統的小米崇拜跟實際生活、生產方式和社會依附密切相關，在小米的大世界裡，人、植物、社會以及宗教信仰之間，犬牙相制，複雜交錯。這是鄒族的民族科學，同樣的，在這張複雜的文化網裡頭，人與整個世界是相連結的。

XI. 植物知識典範之變遷

鄒族植物知識典範正在快速地變遷當中，這也是長老面對新移植的植物時顯得侷促不安的原因。我們先看小米文化的變化，當今，鄒族部落年復一年地持續舉行農作祭儀──小米收穫祭，當部落長老討論決定舉行儀式的時間，就有不少族人會開始抱怨，因為小米祭和採收高山茶的時間衝突，茶葉採收工作將受影響，有茶農很不悅地表示：「我們不要再祭拜小米女神了，我們應該去拜茶神才對呀！」最後，部落長老還是考量了部落族人現實的需求而妥協，同意把小米收穫祭儀式，提前在夏茶採收之前完成。

目前達邦村大部分的族人，以種植高茶葉為生，茶業生產是極為繁重的工作，包括茶園管理、茶葉收成、製作與銷售，大量的勞動人口以及緊迫的工作時程，讓多數的鄒族人力投入在高山茶園。採收茶葉的季節，自然就排擠其他的部落活動。傳統小米祭，早已脫離部落當前實際的生產脈絡，所以傳統農作祭儀，已無法融入新型農作的流程，儀式在人們心中自然失去它原來的重要地位。因此，傳統社會的領袖──部落長老，很難在宗教場域中施展他們原有的影響力。傳統部落耕地，小米田不見了，已被綠油油的高山茶園所取代。新的生產方式，讓我們看到新秩序、新勢力及新文化正在重組鄒族的社會關係，同樣的也徹底改變了鄒族植物知識。

自鄒族與外來文明接觸之後，即被動接受新的生產技術和方式，如日治時期末期開始引進水稻耕種與光復之後推動培植高山經濟作物。據學者研究，臺灣高山原住民族，約在 5、60 年代開始，便脫離傳統自給自足的農作型態，進入講求技術和資本的市場性農作，生產方式受到市場價格或供求律運作的控制（黃應貴，1986），加上國家原住民族土地管理政策，縮減鄒族傳統領域範圍，這整個生產型態的轉型，是依附在臺灣經濟發展的脈絡下開展，引起鄒族生產方式與社會關係的「被動重組」。1960 年代前後，部落快速納入資本化市場體系，自給自足的小米耕作也逐漸被商業性生產的作物所取代。基於市場消費和貨幣的需求，族人紛紛改種經濟作物，近三十年的時間，原來的小米田逐漸成為山茶、油桐子、梅子、竹筍、愛玉、板栗、山葵、高山蔬菜、花卉、茶葉、甜柿、杉木等等作物。為了市場利潤，經濟作物講求量多、快速收成、種植技術以及熟悉市場網絡，因而改變部落生產方式、組織、技術以及生產關係，更重要的是族人必須學習和適應新的植物知識。另外，經濟性農作講求效率、成本效益與私有化，為了達到現代化管理的目的，耕地必須改為單一化作物，施以重肥、猛藥，這也迫使家族共同生產方式，改為個人私有化的生產競爭，直接衝擊了族人原本的親屬紐帶。在這樣的文化網絡下，人、植物與世界的關係基本上是斷裂的。這樣的變化是鄒族環境史（environmental history）的大變遷，也生態殖民主義的幽靈深深鑽入鄒族土地的過程，這個幽靈撞擊了族人對環境的認知、土地倫理以及自我認同。質言之，這是傳統植物知識典範的變遷與崩解。

我曾刻意觀察一家部落觀光的特色民宿庭院，因為部落民宿是鄒族重要的文化櫥窗，許多觀光客在此停留、住宿，也在此體驗、閱聽或凝視鄒族文化，民宿在文化傳播的意義而言，具有文化代言的角色。我紀錄了部落一間民宿所種植的幾十種植物，這些植物確實讓民宿環境沉浸在鳥語花香之中，但這些綠色植物幾乎都是從外地移植的花花草草，在庭院中幾乎看不到部落原生花木。[1] 我也和這位鄒族民宿老闆在喝咖啡的對話中，發現她對庭院一草一木如數家珍，也清楚地講述她是如何移植這些花草，她不但細心玩賞、澆灌這些花草，也學習許多植物移植、栽培、植物特性以及植物文

---

[1] 作者所紀錄的民宿庭院植物包括：滿天星、萬壽菊、九重葛、燈籠花、紫金露、野薑花、凌霄花、山蘇、金露華、西印度櫻桃、黃鐘花、紫藤花、龍船花、玉葉金花、珍珠一串紅、雞蛋花、彩色芋、煙火花、全黃花、麒麟花、馬俐筋、繡線菊、月下老人、扶桑花、射干、變葉木、金鳥鶴蕉、茉莉花、珊瑚油桐花、姑婆芋、聖誕紅等等。

化的新知識,這些知識也成了她在部落民宿分享給客人的重要環境資源。

生態殖民主義的幽靈,就是這樣蝕毀原住民族／鄒族的生態知識,連同與之相連的環境倫理也流失殆盡。族人如果能多認識部落原生草木鳥獸之名,多知道一點族人留下來的植物神話、傳說、故事以及植物的相關習俗文化,體認原生植物的特殊性,也體認為何這樣的物種能自然地在部落生根下來,這其中必然存在著許多植物演化的深層奧祕,進而關注部落整個環境生態系的珍貴性,藉此提升環境保護的意識,例如,藉著民族植物的研究,反思鄒族目前在山林到處種植的經濟作物──山葵可能帶來的生態危害。我想,這是當代族人建構土地倫理的重要途徑,也是文化認同的基石。在植物調查的過程中,這樣的課題將如影隨形。

XII. 黃荊帶來的焦慮

阿里山鄒特富野社在舉行小米祭儀式的時候,會用黃荊草(鄒語稱 langiya)作為潔淨儀式的植物(達邦社會使用 tubuhu 這種植物),這是主祭者特別針對獵神、土地神而作的潔淨儀式,用此植物,因族人相信這是神靈喜歡它的氣味;然而維持此一儀式的家族也不多,這個植物有別於一般潔淨儀式用的小舌菊(鄒語稱 tapanzou/tapaniou),大部分的族人熟悉小舌菊的用途和意義,卻不知道黃荊草同樣也是重要的儀式用植物。有位部落儀式的主祭者特別種了一棵黃荊草,他表示:「不種的話,就沒有人會記得要用這植物做潔淨儀式」,聽到這樣的話卻引起筆者沈重的焦慮感。

與部落長者談天,特別是那些未受現代教育的部落長者,民族知識就會隨時從他們的話語中閃現,聽聞這些知識,會引發一種奇妙的感覺,因為這些知識只能從這些老人的身上獲得。在狩獵、農耕、祭儀等等的生活場域中,千百年來累積的民族知識蘊含其中,部落老人,我必須再次強調──特別是那未受現代教育的部落長者,他們講族語,根本的思維模式源自部落,源自荒野,源自野地生活經驗,他們是民族知識的關鍵承載者。

民族知識,是經驗知識,是情境知識,又是民族特有的知識,所以,它是在特殊的時空環境中才實踐出來的知識,通常無法以文字或書寫表現出來。因而,要得到第

一手的民族知識，最好的方式就是跟隨部落長者，從其言語行為中探索整理。長者是民族知識的老師，土地是部落教室，生活是學習途徑。20 年前，我整理過鄒族歌謠，蒐集了 70 幾首古調，20 年後，當年受訪的老人幾乎都已不在人間！我對鄒族的狩獵文化有興趣，然而老獵人多已無法親臨獵場，只能用講古的方式談狩獵，感覺上，這樣的方式有太多的遺落與缺憾，我一直感覺現代科學知識體系根本無法詮釋的部落文化，還需要進一步去探索，同樣的，現在可以訪談的長者比 10 幾年前少之又少！前幾年我開始關注並紀錄鄒族的民族植物，只紀錄了一些，還有更多的民族植物等著去挖掘，我申請了國科會的研究計畫，卻發現可以訪談的部落長者快速凋零！

這是當代原住民族普遍的現象，這 10 幾年來有些人一直想跟時間賽跑，因為願意做又能夠做的族人實在太少。整理民族知識，熱忱與使命感是一定要的，這只是基本前提，接著至少要熟悉民族語言，族語才能探入民族知識的核心；要有基本的田調常識，進入部落田野才能接觸部落長者；再來，要有基本的經費支援，因為從民族知識的調查整理，是一件根本不可能賺錢的苦差事。也許再等 10 年，或最長 20 年吧，這些老人將愈加老邁，或一一殞落，就算還活在人世間的部落長者，到時也不見還有健康的身體或清楚的語言，可以講述民族知識。有時我們一直錯誤以為老人會好好地活著，等待我們去挖寶，但並不是如此！對原住民族而言，長者殞落，消亡的，不只是軀體，還有太多是言語無法表述的損傷。及時搶救民族及植物知識，是當今族人的功課。

建立一個資料豐富又方法正確的民族植物誌，是建構民族知識體系的重要基礎，這個基礎也可能引動文化認同、環境倫理與部落發展等議題。從鄒族民族植物調查的實際過程中，本書先簡單回顧已出版之文獻，並以實際採集的植物帶出採集、整理以及解釋的初步討論，內容涉及民族植物研究的方法論課題，主要目的是企圖闡明民族植物學與一般植物學的重疊、類似及其差異特質，也強調兩種學術範疇跨領域合作的可能性。

多樣性的植物群落是任何民族依賴的生存資源，在漫長的歷史發展之後，每一個民族都擁有屬於自己的植物利用方式，而且也逐步形成這一民族特殊的植物認知、命名、分類以及植物的

文化解釋,因而本書認為深入族群文化的內在肌理是民族植物研究的重要前提,唯有如此能正確地解釋關於植物的在地知識,並建構在地的民族知識體系。在這樣的前提下,民族植物研究者需擁有在地語言的能力,也需接受文化研究的基本訓諫,另外是針對在地／部落社會文化深入探討,這樣才能順利蒐集所需之植物資料,並解釋植物知識及其文化意義。當然,為使在地植物知識資源能被保存下來,系統性的資料整理也就成為重要的工夫,這包括本書提到的植物學分類、鑑定以及命名的工作,因而民

族植物的研究也就需要依賴一般植物學的科學步驟，使得植物資料做系統化的整理保存；一個民族植物誌的資料也必然要呈現經過精確鑑定過的中文名、科屬以及學名，這是植物學的專業領域，從事民族植物調查的在地工作者或許無法輕易克服這一專業門檻，但可以透過各種方式尋求協作。本書也初步討論植物文化所涉及的族群互動、研究倫理、文化認同以及植物研究的時間迫切性，雖屬淺論，卻是民族植物研究者應關注的課題。

第三部

植物讓萬物相連

I. 植物有靈性——從豐獵儀式說起

　　為了進一步了解土地豐饒儀式的文化意義，2021 年 8 月決定跟隨一位已恢復前往家族傳統獵場的主祭長老，觀察並紀錄鄒族豐獵儀式的實際做法，這個家族是屬特富野社的亞氏族。阿里山鄒族每一年的小米收成祭之後，各家族主祭長老會帶著新收成的小米穗以及米酒到部落附近獵場土地上，辦理一個鄒語稱為 sx'tx 的儀式。這個鄒語實在找不到一個精確的中文譯詞，只能就其儀式基本功能意義譯為「豐獵儀式」。儀式是在凌晨一、兩點舉行，主祭長老在一個面向東方又能俯瞰家族獵場的高地。先在土地上插立兩根五節芒，用山芙蓉樹皮籤條將兩根茅草綁紮五段，再將上方茅草葉切平。接著再將一根約 50 公分左右的五節芒莖插立在土地上，上端削成兩半，接著用野桐葉子包著小米穗，也用山芙蓉籤條綁紮成一包，那是要跟著米酒一起作為祭祀家族獵場的貢品。接著主祭長老將小米包夾在芒莖，每夾一包就用山芙蓉籤條綁紮一次，祭祀的家族獵場有多少，就要夾上來多少。主祭長老在做這些儀式動作的同時，會跟土地神以及獵神做祝禱的儀式，禱詞內容基本上是告知家族獵場的神靈，此刻帶著新收成的小米以及米酒過來，請祂們前來享用，祈求神靈祐助，讓往來於家族獵場的族人行程平安，獵物豐饒，也祈求家族獵場土地生態豐富，滋養獵物，土地不要崩坍，外人不要入侵。結束此儀式，主祭長老返回家族祭屋，小米收成祭才算真正結束。

　　豐獵儀式是在小米祭之後的幾天舉行，它根本就是小米祭系列的一環。2021 年的小米收穫祭 8 月 6 日結束，照理說應該是隔天的 7 日就要辦理豐獵儀式，然而在這個農曆月分有頭目家族的人往生，豐獵儀式必須等新的月分才能辦理，所以特富野主祭長老們決定延至 8 月 8 日農曆新月之初辦理。實際要到家族獵場的主祭長老則未參加當天的儀式，而是視天氣狀況才決定出發上山，10 日傍晚出發前往傳統獵場。一行四人，當天下午五點從部落出發，先乘坐約一小時的貨車，接著就徒步前往，那陣子盧碧颱風剛過境，山路難行，路程近四個小時抵達霞山山脈的獵寮。豐獵儀式要在午夜 12 點之後才能進行，一行人抵達山寮首先整理營地，生火取暖，近凌晨一點，主祭長老著盛裝帶領前往家族獵場，這個獵場的鄒語地名為 pa'eapta，山勢地形陡峭，但可以從當地的植被生態以及隨處可見的動物獸徑看得出來，此地的野生動物非常豐富。凌晨約一點半，主祭長老面向東方蹲坐開始進行豐獵儀式，過程約 20 分鐘。由

於家族獵場只有三處，所以主祭長老只做了三個小米包給自家獵場土地神享用，然後再做一個比較大包的小米包，這是要供奉給其他未知的獵場以及附近其他家族獵場的土地神。儀式結束即返回山寮休息，時間已近凌晨三點。11 日早上七點多吃早餐，收拾山寮營地，就啟程返回，中午 12 點多抵達部落，結束這趟儀式行程，也結束小米祭的所有儀式。主祭長老特別表示：「儀式結束，可以吃魚了！」因為在小米祭儀式及豐獵儀式期間禁止吃魚以及蔥、蒜等食物。

這趟豐獵儀式行程，從儀式本身以及前往家族獵場的行程中，主祭長老以及同行者就會訴說自己從小到大的狩獵經驗，說明獵場的土地環境，以及諸多傳統獵場相關的神話、傳說、故事、有趣的地名與動植物的相關常識，當然也會提到過去跟異族征戰的歷史事蹟。就觀察體驗的角度而言，在小米祭之後接著進行這場土地儀式，將家屋的酒以及小米穗帶往獵場，主祭長老及參與者似乎透過這樣的儀式，讓自己以及家人所有成員跟獵場土地的關係更加緊密，而且這是屬於超自然的靈性關係；另外，也讓小米農耕儀式連結到家族獵場的豐獵儀式，直覺上就是讓儀式能兼顧傳統的生活文化：農耕與狩獵（含漁撈）。這樣的儀式圖像讓研究者進一步思考，鄒族土地儀式的功能目的為何？它所代表的社會及文化意義又是什麼？

《聯合國原住民族權利宣言》（*UN Declaration on the Rights of Indigenous Peoples*）（2007）第 25 條就提到：「原住民族有權保持和加強他們同他們傳統上擁有或以其他方式占有和使用的土地、領土、水域、近海和其他資源之間的獨特精神聯繫」（distinctive spiritual relationship），這個詞或譯為「獨特精神上關係」及「獨特的靈性關係」，此一關鍵詞引發筆者的問題意識。對原住民族生活而言，土地是農作、狩獵以及漁撈的資源，也是建構社會文化的珍貴物質條件，每個民族均形構與土地相關的神話、傳說、管理、規範、信仰以及相應的土地儀式，藉此將土地、族人、社會及神靈連結起來。這樣的連結不僅彰顯原住民族傳統「社會－生態系統」（socio-ecological system, SES）概念，同時也將山林土地這一環境物質賦予靈性，具有神祕與神聖意涵。

土地儀式，不僅伴隨族人的經濟生產活動，同時建構族人與土地環境之間的靈性關係。透過土地儀式維持與土地的精神聯繫、倫理（land ethic）、韌性（resilience）以及可持續的生活方式（sustainable livelihood）。本書試著以阿里山鄒族的傳統宗教信仰為對象，聚焦探討部落神聖儀式與土地之間的關連性，並進一步闡述鄒族關於土

地的信仰、禁忌與規範。筆者想知道鄒族土地儀式類別及其舉行方式，闡述族人傳統信仰與土地之間的精神聯繫，特別是土地儀式蘊涵的經濟、社會、文化與宗教意義。當然這是關於土地儀式的學術探索之旅。

我們從上述鄒族賦予動物關於靈性特質，可以理解鄒人關於天界與地界、多靈信仰、善神與惡神、動物有靈等等信仰現象。以下列舉了 10 幾種植物，來闡釋鄒族關於多靈信仰以及萬物相聯的信仰。靈性植物，我們可以理解為神靈、神位的具象化，讓空泛抽象的宗教概念得到具體的物質圖像。例如，在部落祭儀現場，男子會所之石斛蘭及廣場上的赤榕樹為上神之神位；部落入口處種植赤榕或茄苳神樹，是土地神棲息、保護部落的居所；五節芒製成之聖粟倉為小米女神的神位；五節芒則是驅邪與祭祀的植物；小舌菊是潔淨儀式的媒介；藜實作為巫師施法植物；用梅樹及野牧丹染紅的山芙蓉籤條是聖化、阻擋惡靈的佩飾。靈性植物亦涉入鄒人的神祕夢境，例如，夢見芋頭、番薯、香蕉，均為凶（中央研究院民族學研究所 2001：81）。衛惠林（1951：134）即記載，鄒人狩獵對象之動物之 piepia，常為巫術之施法對象，對於農耕對象之穀物亦念其 hio／hzo（魂魄）而對其行巫術。換句話說，鄒人相信動植物不只有生命，是有魂魄靈力。鄒族巫師的概念中認為人類的身體右肩長著一束草，鄒語稱 s'os'o-ta-feango，意即「人類身體內生命之草」，筆者採訪巫師，他表示這束草的外觀像是禾本科植物，沒有特別的名稱。生命活動，會呈現在這生命之草的強旺或衰弱。巫師施

法術時，會從靈界將生命力放置在身體右肩，讓生命之草興旺。所以，鄒人對於草的概念在此又涉與身體、魂魄、氣息興旺或衰弱以及巫師法術等等概念，是一個極為有趣的植物知識。

II.靈性植物舉隅

　　我們從表 1 的 10 幾種具有靈性意涵的植物可以理解其功能與文化意義。首先，靈性植物它涉及鄒人的生活核心內容，包括農耕（如：小米、五節芒、野桐等）、狩獵（如：山芙蓉、石槲蘭、赤榕樹、澤蘭等）、生命禮儀（如：小舌菊、黃藤、苧麻等）、土地保護（如：茄苳、臺灣藜）、人際互動（如：楓樹、大葉骨碎補、五節芒等），亦即鄒族之生活日常均與特殊的靈性植物有所聯繫，在日常生活中實際利用這些植物，也作為土地儀式器物／媒介。其次，每一種靈性植物都有神話傳說的敘事作為其背景，例如，野牧丹的氣味是神靈所喜歡的；山神會停駐在茄苳樹和山芙蓉樹上，所以不能侵擾這些樹；戰神在天界的家園都長滿了金草石槲蘭，所以男子會所要種植金草，參與戰祭的男子要佩戴金草頭飾作為標記；在部落的赤榕樹是戰神自天界下凡來到部落的天梯，所以舉行戰祭要將其枝葉砍除，這是迎接神靈的儀式等等。其三，在生活利用中各類植物之功能其實相互聯繫，例如，建築物之黃藤會用小舌菊做潔淨儀式之後再使用；臺灣欒木雖然不具靈性之植物，但它的生長時序鮮明，可以作為農耕及相關儀式的參考。再者，在所有的土地儀式中所使用的靈性植物具不可取代性，亦即該用五節芒、小舌菊或山芙蓉作為儀式器物就不能用其他植物替代，於是鄒人會關注這些植物的生長狀況，不會讓它折損甚或消失。

考察靈性動物與植物功能及文化意義之後，我們認為它們已經成為鄒人生活的重要資源，靈性植物所形構的空間、價值也反應了鄒人的土地倫理與世界觀。在每年舉行的土地豐饒儀式及各類祈襄儀式中，動物、植物、土地、生態、鄒人以及神靈之間，已經有一條軸線串聯起來。

表1
賦予靈性特質的植物例子

植物名稱	鄒人賦予的靈性特質
小米	小米祭系列農作儀式的主軸。鄒族之小米祭系列主要祭拜小米女神，從年初的播種祭、春季的除草祭、夏的收穫祭、秋天的收藏祭，乃至於年終為隔年種小米所作的擇地夢占儀式，族人都以虔敬謹慎的態度面對。小米祭期間的禁忌事項極為嚴謹多樣，如禁吃米、魚、生薑、鹽、芋頭、番薯、蔥、韭及蕃椒等食品。小米的意義與功能，同樣涉及了鄒族的親屬關係及社會規範。
楓樹	鄒族神話流傳hamo天神搖落楓樹，果樹落下成為鄒人。鄒族造人神話中，楓樹成了重要媒介。神話傳說中，楓樹同樣被上神祕色彩。如鄒族meefucu的傳說中（董同龢，1959），有位被擄走的婦女在逃回部落的路途上，使命地爬上一棵楓樹，摘取楓樹枝葉作為頭飾。佩戴楓樹，似乎意味著得到保護與庇佑的意涵，亦蘊涵了返回部落家園的認同之情。
茄苳樹	鄒人相信，神靈喜歡停駐巨大茄苳樹作為暫時的居所，鄒語稱emoo-no-hicu，原意是指「神靈的家屋」，大人會禁止孩子在老茄苳樹附近喜鬧或丟擲石塊。在進入鄒族部落的入口處，通常會種植赤榕或茄苳樹，再由該獵場的長老為樹做topeohx祈襄儀式，保護部落的社神hicu-no-pa'momxtx會在這裡停駐，阻擋惡靈侵入部落。鄒族長老行經此地，會放置食物或酒類作為供品。由於茄苳樹是神靈棲居的樹種，所以通常鄒人在家庭院不會栽種。
赤榕樹	鄒族部落有三棵最具靈性象徵的赤榕樹，男子會所前廣場的赤榕，是作為mayasvi戰祭的儀式植物。部落tutun'ava之地，同樣種了一棵榕樹，在小米播種祭結束之祭，長老在此地計算部落人員，並做祈福、占卜和餐敘團員儀式。另外，進入部落的社處，同樣種了赤榕（或者茄苳樹），族人相信，土地神ak'e-mameoi常鎮坐於此，保護部落。從這三處種植的空間位置來看，作為部落核心的男子會所，長老祈福的tutun'ava之地，再來是在外圍之地的部落入口，均栽種了靈樹，似乎藉這樣的植物連接了族人、土地以及神靈之間的關係。

植物名稱	鄒人賦予的靈性特質
五節芒	鄒族各種大小儀式使用五節芒的情形極為普遍，包括小米祭系列、戰祭、豐獵儀式、祈禳儀式、擇地儀式、夢占儀式都會利用五節芒作為儀式器物。鄒人也認為五節芒具威嚇惡靈的力量，會用在各種驅邪上。如從平地民庄返家時，會以五節芒襃祓身體。為病人祈福時，以茅草驅逐惡鬼；在門口豎立茅草，防止惡靈入內。鄒人也會做房屋的潔淨儀式，稱epsxpsa-ʼo-emoo。這是巫師或家族長老可行的儀式，會用兩支茅草在屋內揮動，象徵驅邪。同樣的，人死之後，鄒人認為家內聚集穢氣，家人及參與葬禮的人一同手持五節芒驅除邪氣（中央研究院民族學研究所 2001：112）。
木槲蘭	諸多神話及習俗讓木槲蘭擁有其神祕與靈性意涵。創世女神nivnu在河水洗頭，水中即漂起木槲蘭。戰神在天界的居所，長滿了金草石槲蘭。男子會所屋頂上的木槲蘭，是祭祀天神hamo時降臨之處。鄒族男子會所屋頂以及入口處兩側，均種植木槲蘭。鄒族重建或修建會所之後舉行戰祭mayasvi，要在會所屋頂重新種植木槲蘭，儀式象徵會所更新，也象徵會所與天神連結。戰祭開始之前，參與祭典的部落男子，由長老分發木槲蘭莖葉兩枝，插於胸衣之右角（當今是插飾於皮帽上），在接受木槲蘭的過程中，需謹慎不能讓其掉落，否則犯了禁忌，儀式進行中要全程配帶。由於鄒族認為金草石槲蘭是神聖植物，不會隨意種植，而種植在會所屋頂及階前的木槲蘭，不可隨意碰觸。
苧麻	除了作為一般生活利用之外，苧麻也涉及靈性場域。鄒人傳說認為是雷神akʼe-ngxca教授族人紡織技術。祭儀、出草及狩獵期間禁止觸摸生麻。另外，鄒族巫師可用苧麻做esuhcu延壽巫術之器儀式器物，因為苧麻是神靈眼中的絕佳禮物。

植物名稱	鄒人賦予的靈性特質
黃藤	傳統鄒族人死亡後採室內葬，屍體用黃藤繫束，然後埋入土內，也因這種埋葬習俗，鄒人若以黃藤繫縛住身軀，被視為禁忌。男子會所成年禮，要用黃藤行鞭打屁股的儀式。由是觀之，黃藤也具有靈性元素。氏族家屋及男子會所均使用黃藤綁紮柱樑，男子會所杆欄平臺後緣，鋪上黃藤，婦女若有必要登上會所，可在黃藤平臺範圍。男子會所的盾牌pihci戰具，出征時勇士背在身上，若獵獲敵首，勇士將敵首陳於盾上捧入男子會所，此象徵部落的盾牌，即用黃藤皮束縛穿聯之（衛惠林等 1951：73）。 會所內最重要的物件是敵首籠，係以黃藤編製而成。修重或重建男子會所時，若要移動敵首籠，需極為謹慎。 家族小米祭屋內會放置一根藤製的「小米女神的拐扙」s'ofx-no-ba'e-ton'u，[1]儀式主祭會帶去聖粟田，作為迎接小米女神的重要的物質媒介。
山芙蓉	鄒人利用山芙蓉的樹皮纖維製作背帶或作為捆綁物品之用。[2]鄒人鑽木取火，山芙蓉皮和芭蕉纖維均作為主要引火媒介（衛惠林等 1951：97；湯淺浩史 2000：153）。在出征行為，鑽木取火具有神聖意涵，出發前由征帥做鑽木取火儀式，若取火順利則代表吉利，可以出征，否則無法出行。參與出征的男子，身上均要繫綁山芙蓉製成的避邪籤條。鄒族戰祭所用之避邪籤條，製作時山芙蓉樹皮要跟梅樹心、野牧丹枝葉一起煮沸，浸染其中，完成時籤條染成朱紅色，平時存放在家屋。山芙蓉在年末季節開花，族人認為山神hicu ta fuengu會在山芙蓉駐足停留，山神喜歡用山芙蓉的花作為佩飾hongsx，所以不能用石頭丟擲。人的遊離魂piepiya有時在山林之間遭山神傷害，稱為molongx，此時若要醫治，巫師需要用山芙蓉籤條禳祓儀式，而一般的驅邪儀式是用兩根五節芒。

---

[1]　筆者採訪時發現達邦社yoifoana莊氏族祭屋內仍有保存粟女神之杖。另外衛惠林（1951：141）記載使用'outu火管竹製作粟女神之杖。

[2]　鄒族的纖維植物包括構樹、山芙蓉、赤榕以及紐西蘭麻。

植物名稱	鄒人賦予的靈性特質
澤蘭	此植物係鄒族的儀式用植物。鄒族在做小米祭潔淨儀式，鄒語稱為aoyocx，要用小舌菊這植物潔淨祭屋內的物品，而屋內擺置狩獵器具的地方，鄒語稱為tvofsuya，不用小舌菊潔淨，達邦社用澤蘭，特富野社用黃荊做潔淨儀式。鄒人認為，戰神和山神喜歡此植物的氣味。此草又稱tapaniou-no-haahocngx，意即「屬於男人的小舌菊」，若行獵途中佩飾在身上，獸魂會喜歡其氣味。平時男人可以作為裝飾，沒有花也可以。
小舌菊	多生長在部落周邊山林。鄒人簡稱此草為s'os'o no koa cofkoya ta feango，鄒語意義為「可使身體潔淨的草」。[3]是小米祭潔淨儀式用的植物，巫師施法時也會使用的植物。可以藉此取天界的水，並用來做驅邪，巫師在家附近會保留此植物。據田調資料，巫師並不會刻意種植，而是巫師家附近會自長長出這種植物，供巫師使用。
臺灣藜	鄒人傳統對藜的用途，主要是與巫師施法有關，而且只用一種綠梗藜。巫師的法物包括五節芒、水、小舌菊、鐵片、山豬顎骨、猴骨頭以及藜實等。日人瀨川孝吉也紀錄過，鄒人認為，因為惡鬼厭惡voyx，所以族人會將藜放在祭屋內，這樣惡鬼就不會過來覓食小米。依此而言，藜亦為祭屋之聖化佩飾。藜實色黃，方為鄒族巫師所用。此為巫師的助手，會聽從巫師的指示進行各種法術任務。筆者採訪的巫師都儲存備用藜草果實，作為施法器物。藜實活像個靈活的孩子，身體會發出亮光，可防止身體被穢物入侵。巫師會施法製作藜實包，給需要的族人隨身攜帶，作為護身符。但據說藜實會怕水，無法渡水執行巫師交付的工作。

3 　2017年8月29日採訪安金立巫師記錄。

植物名稱	鄒人賦予的靈性特質
野桐	鄒人用野桐寬葉子包食物，也會摘其嫩葉咀嚼，用其汁液塗抹在傷口治療。與靈性相關的用途，是族人供奉小米神儀式要用野桐的葉子，即在豐獵儀式的時候，用野桐的葉子包裹小米穗，一個一個夾在五節芒草梗上，每放一個，長老要唸出獵場地名，並說「這是獻給該獵場的」，接著用芙蓉籤條束縛之。此小米穗是從祭倉取來的，象徵用今年新收穫的小米祭獻給獵場的土地神和獵神。小米祭最後階段，是送走小米女神的儀式，要用野桐葉子將糯米糕和豬肉包起來，作為送走女神的禮物，此禮物稱為cnofa，象徵小米女神遠行路途中的食物。
大葉骨碎補	生長於石頭或樹上之蕨類植物，此靈性與神祕性的植物可用於巫術施法媒介。這是關於鄒族巫師促使異性相吸的法術，如果喜歡某異性，可以將此植物切片或搗碎，放在水中或米酒裡頭，再向巫師學習咒語，唸咒語同時請對方在不知情的情況下喝下肚，之後對方將會對自己迷戀而無法自拔。

植物名稱	鄒人賦予的靈性特質
野牡丹	製作山芙蓉避邪籤條的植物材料，水煮染色的時候要加入野牡丹枝葉一起煮，根據鄒人的說法認為神靈喜歡野牡丹的氣味。另花朵是鄒族婦女的植物佩飾之一。
臺灣欒樹	鄒族的生活作息和農作節序，在沒有現代化的科技知識和工具作輔助之前，族人可以參考各種自然現象，包括植物生長、動物遷移、氣象變化或天象徵兆等等安排狩獵和農作生活。在鄒族部落周圍的山林間，隨處可見的臺灣欒樹，它一年的生長周期，便是族人農作生活的重要指標。主要原因是臺灣欒樹開花的時間，以及它花色的改變，作為農作時序的參考，如當欒樹開花，族人便要開始卜夢選擇小米耕地；當欒樹結出深紅的蒴果，族人就要開始開墾農地；蒴果呈咖啡色即將凋謝的時候，是族人要火燒耕地的季節；等待新的一年播種小米。臺灣欒樹雖然與鄒族的農作儀式沒有直接關係，但它卻是族人一年生活的大地時鐘。

資料來源：浦忠勇之部落採訪記錄之外，主要參考民族植物及民族誌文獻（中央研究院民族學研究所 2001；2015；浦忠勇 2013b；2013c；衛惠林等 1951）。

第四部

從植物建構民族知識體系

I. 命名、利用、分類與意義

　　原住民族知識的研究是近 20 年來的顯學，然而其中涵義仍有些混沌未明，諸多學者從知識論及方法論切入，而這本植物文化調查研究，則採取經驗研究方法，從民族知識實際內容逐步闡釋，也逐步鏈相關學術理論。在地知識的研究應紮根於來自部落的原初資料，關注被採訪族人的經驗知識和生活思維，亦即應掌握在地知識擁有者的認知模式，設法找到在地民族具獨特的知識論，鄒族植物的命名就呈現這樣的特質。同樣的，鄒族植物知識的調查蒐集也必須採訪部落耆老，並從他們的口述文本逐步建立。當然，我們發現能夠理解鄒族植物知識的部落族人年紀多已老邁，大致已無法走遠路或親赴傳統獵場，所以我們的採訪工作與植物採集是選擇耆老們的居家附近開始，從他們熟悉的環境介紹植物；距離比較遠的區域，就由我們採集植物，帶到耆老那裡請他們說明。當然這樣的做法會讓植物脫離它原來的土地環境，耆老也可能因此無法詳細說明該植物相關特性和生長形態，導致能蒐集到的植物口述文本不盡完整，這也是我們難以克服的工作限制。

　　部落耆老指認及說明植物的方式很多元精彩，我大致可以歸納成三個階段。首先，是先講出植物的鄒語名稱；其次，是說明這種植物是如何在生活中使用；第三，可能就延伸指出這種植物的生長環境、植物特性、植物故事等等相關話題。基於這樣的採訪過程與現象，我們決定將鄒族植物的探討放在四個主軸上，即命名、利用、分類以及賦予意義等幾個面向，以下將依此面向分別闡述鄒族的植物世界。

i. 植物的命名

　　命名，是認識世界的重要方式。命名也是植物的象徵符號，它是認識植物的線索，也是進入鄒族植物世界的路徑。當然，命名、利用、分類以及賦予意義這幾條軸線是為了解釋方便而拉出的分析面向，其實它們之間時而找不出關係理路，時而相互交錯，甚至是雜揉在一起。如以「生薑」這個植物為例，鄒語稱 cuc'u-axlx，鄒語的意思是「真正的、正宗的辣椒」，在植物的生活利用上是食用植物，而且是廣泛使用的食材。它是可以帶往獵場的佐料，在祭儀期間是可以食用的（祭儀期間有不少是禁食物品，如：魚類、蔥、蒜、韭菜等），所以分類上它確實是民生食品，它卻又涉及了可

食／禁食、日常／非常（如：祭儀及狩獵活動）的文化分類上的特殊意義，這是生薑這一尋常食材擁有正宗之名的原因。從植物命名的方式即可演繹其利用及其在鄒族生活文化的特性。依此而論，命名、利用與分類其實是植物之一體之三面。茲依調查的植物資料說明鄒族植物命名的幾種方式。

(i) 以鄒族古語命名的植物

　　鄒族植物命名可以大略分為兩類，第一種是以「單一」的鄒族語言為名稱，沒有形容詞，也不是鄒語組合而成的名稱，不是依植物形態特性或利用方式來命名，更不是譯自外來語，這樣的命名方式本書稱為「鄒族古語命名的植物」；第二種是依植物形態、特性與來源命名，這是以形容詞或組合詞命名方式，從鄒語名稱約略可見族人賦予植物生活利用方式以及文化意涵。以鄒族古語命名的植物約占七成，數量最多。茲以 t'ocngoyx（梅樹）為例，這樣的名稱是完全符合鄒語發音體係的單字（word），就符號學「能指」和「所指」的概念而言，名稱 t'ocngoyx 和實物「梅樹」之間的關係應屬任意性的約定俗成，以原始鄒族古語命名，其源頭已經難以追溯，卻是鄒族植物命名現象最普遍的方式。

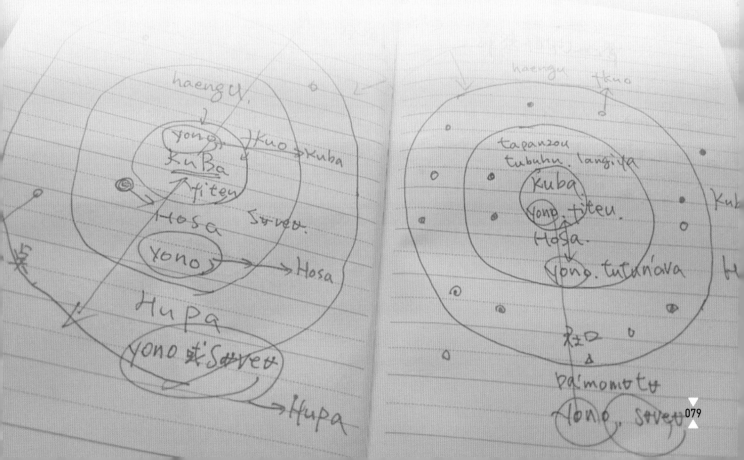

(ii) 依植物形態、特性或來源命名

　　另外一種命名方式則是依植物形態、特性或來源來命名，亦屬普遍現象，在本次蒐集植物數量占了兩成之多。鄒人用形容詞、組合詞來指出植物的特性，包括植物顏色、味道、外觀、利用方式、生長環境、植物故事、植物來源等特性來命名。這些名稱有的是鄒語單字，例如，「十大功勞」（亦名黃柏）取名為 mayxmx，鄒語原意是「苦味」的意思，此植物是鄒人的藥用植物，可將樹幹及樹根採來水煮服用，據說可以治腸胃不適症狀，整株確實是苦味道，族人即約定俗成地以此特性去命名。又如「莎草」這個植物，取名為 eopayo，鄒語原意是「容易割傷」的意思，這種禾本科植物的葉子確實銳利，容易割傷人手，因而取此名稱。另外，則是有組合詞來指出植物特性，例如，「楊波」這一植物取名為 evi-no-c'oeha，鄒語意思是「河邊的樹」，這種樹容易生長在河邊坡地上，是鄒族毒魚用的植物之一，然而河邊的樹何其多樣，但鄒人卻以此名指稱確認。如此命名的植物，大致上可以從鄒語的語意來推測其命名的理路。又如「倒地蜈蚣」稱 mateof'uf'u，鄒語原意是「喜歡偷窺別人下體」，部落報導人表示，這種草的花幾乎都朝向道路的方向，好像要偷窺路人似的，所以就用此生長特性命名。當然，也有的植物樣是以組合詞命名，卻也無法從語意中推測其命名的原因，甚至感覺命名得有點無厘頭，例如，「車前草」稱 sapiei-no-fo'kunge，鄒語意思是「蟾蜍的鞋子」。括樓這一植物稱 mongnx-no-hicu，意即「鬼神的竹杯」，我們從語意同樣無法推測為何如此命名，這樣的例子還不少。在植物調查過程中，這類植物命名有擬人化，有趣味性，以及呈現許多未知的植物想像（見表 2）。

表2
依形態、特性或來源命名的植物

鄒語名稱	語意	植物命名方式	中文名
bxnxvhx-no-yuhmuyu	會流出血的李子	依果實汁液顏色命名	紅肉李
bxnxvhx-no-eha'va	可以吞食的李子	依果實與其他同種大小相比較而命名	李子
bxnxvhx-no-yam'um'a	有毛的李子	依果實外觀命名	桃子
cnguhu-no-fʉhngya	紅色的櫟樹	依果實外觀形態命名	臺灣栲
cohu-chumu	水中長的的姑婆芋	依生長地方命名	布袋蓮

鄒語名稱	語意	植物命名方式	中文名
cuc'u-axlx	真正的辣椒	依食用嗜好命名並指其真正的或正宗的	生薑
cuc'u-hicu	魔鬼的辣椒	依其辛辣程度命名，並以鬼靈指出其特殊性	小辣椒
cuc'u-mxengxcx	頭仰天的椒	依果實生長方向命名	朝天椒
cxmx-no-boki	陽具之刺	依巨陰人神話命名	臺灣小蘗
eopayo	容易割傷人的草	依葉子銳利特性命名	莎草、土香
evi-no-c'oeha	河邊的樹	依生長地方命名	楊波
evi-no-kxhtosx	果實堅硬的樹	依果實堅硬特徵命名，並指出與一般油桐之分別	廣東油桐
evi-no-maakako	爬在地上的樹	依生長形態命名	玉山圓柏
evi-no-puutu	河洛人／平地人的樹	命名以指涉植物來源	油桐樹
faaf'ohx／s'os'o-mihna	寬葉子草／初生之草	依葉子外觀命名；另依植物移入時間命名	昭和草
fahei-axlx	真正的杉木	依植物特性命名並指出其為真正與正宗之杉木	檜木
fhxngoya	紅色	依植物外觀命名	乳仔草、飛揚草
fohx-no-nghou; fohx-keolo	猴子的山蘇；乾燥的山蘇	命名與動物相涉；另依植物生長特性命名	崖薑蕨
fo'na-ea'aezuonx	沙阿魯娃族的山扁豆	命名指涉鄰近族群，或指示作物來源	山扁豆
f'ue-'angmu	西洋人的地瓜	依地瓜大小命名，此種為大型地瓜，因而以魁梧的西洋人命名	地瓜
f'ue-maya	日本人的地瓜	依外來統治族群命名	地瓜
f'ue-taivuyanx	taivuyanx人的地瓜	依鄰近族群命名，或指涉作物來源	地瓜
f'uevi	樹狀的地瓜	依作物外觀特性命名	樹薯
hana-tatako	tatako婦人的花	依人名命名，或指涉植物故事	大花曼陀羅
hcungeu-no-ta'cʉ	山羌的山黃麻	命名指涉動物名	山油麻

鄒語名稱	語意	植物命名方式	中文名
hohxʼexca	鄒語原意：糯米	依植物特性（黏著性）命名	杜虹花（臺灣紫珠）
huvʼo-paʼkiau	春節的橘子	依果實用途及來源敘事命名	橘子
kaapana-no-enghova	綠色的竹子	依植物顏色命名	石竹
kaapana-no-hofoya	黃色的竹子	依植物顏色命名	桂竹
kamae-no-puutu	河洛人的番石榴；又稱kamae-no-yaʼazuonʉ，意即異族的番石榴	依外來族群命名，或指涉作物來源	蒲桃、香果
kulatʼe-hipsi	扁扁的kulatx	依植物葉子外觀命名	兩耳草
kulatx	鄒族女性名	依鄒族女子名命名	牛筋草
maokangngi	吐舌頭裝鬼臉的花	依植物花朵形態命名	鶴頂蘭屬
mateofʼufʼu	喜歡偷窺的花	依植物花朵形態命名	倒地蜈蚣
mayxmx	苦味道	依植物味道命名	十大功勞
meoyove	模仿楠木	依其外觀狀似楠木命名	掌葉楠
mongnx-no-hicu	鬼神的竹杯	命名指涉鬼神，或指涉其果實有毒不可吃	括樓
ngei-no-hicu	鬼的苧麻	命名指涉鬼靈，或指涉其無法用來織布	山苧麻
nockx-fxicxʼza;	白色的牛乳樹	依果實及外觀命名	稜果榕
nockx-ʼoʼokosi	小小的牛乳樹	依果實大小命名	牛乳樹
ʼoanx-yoi	昆蟲的食物	依其昆蟲者吃之植物特性命名	糯米團
oʼhusu-no-ahcuhcuhu	山林裡的山黃梔	依植物生長地區命名	山黃梔
otofnana	用來毒魚的	依植物利用命名	毒魚藤（臺灣魚藤）
otofnana-no-hxx	螞蝗的毒草	依植物利用命名	
oyu-cohxmx	有甜味的oyu	依竹筍味道命名	綠竹
oyu-cxcxmx	有刺的oyu	依植物外觀特性命名	刺竹

鄒語名稱	語意	植物命名方式	中文名
pai-axlx	真正、正宗的稻米	依真正或正宗命名，或指涉其在各類稻作食物之重要性	旱稻
pai-hicu	鬼神的稻子	依鬼靈命名，或指涉此植物不能食用，並會妨礙水稻正常生長	臺灣野稗
pasx-axlx	真正、正宗的箭竹	依真正或正宗命名，或指涉其在各類箭竹利用之重要性	箭竹
pasx-no-svatanx	邵族的箭竹	依鄰近族群命名，或指涉植物之來源	箭竹類
piho-no-hahocngx	雄性之咬人貓	依性別命名，或指涉植物特性	
popsusa	取火用之樹	依植物利用命名	木薑子
sapiei-no-foˊkunge	蟾蜍的鞋子	依動物名命名	車前草
skikiya-no-kuzo	不好的愛玉子	依植物能否利用命名	愛玉子
smismi-kuzo	不好的烏心石	依植物能否利用命名	杜英
sˊosˊo-baankakeⅡ	長得很高的草	依草長的高度命名	野茼蒿
suba-bohfoyo	長得斜斜的芭蕉	依植物生長形態命名	芭蕉
suba-efuu	果實粉粉的芭蕉	依果實外觀特徵命名	芭蕉
suba-masxecx	果實酸澀的芭蕉	依果實味道特徵命名	芭蕉
taˊeucu-no-okosi	小的薯蕷	依果實大小命名	薯蕷類
taˊeucu-no-ceoa	土地裡的薯蕷	依植物生長形態命名	薯蕷類
taˊeucu-no-pepe	土地上面的薯蕷	依植物生長形態命名	薯蕷類
tahza-ceoˊx	田梗上的豆	依作物種植地方命名	長豇豆
tahza-mibocx	使人放屁的豆	依食後身體反應現象命名	赤小豆
tahza-paˊeya	挖掘出來的豆	依取得作物過程命名	花生
tamaku-no-ehxx	螞蝗的香煙	依植物醫療用途命名	
taˊmoza	又名kutˊi-puutu，意即河洛人的陰戶	依植物故事命名	臺灣土黨蔘
tapangeosʉ-no-taˊcx	山羌的構樹	命名涉及動物名，指出與動物嗜吃之現象	芒萁

鄒語名稱	語意	植物命名方式	中文名
taumu-no-engohcu	河鬼的草莓	依鬼靈命名,或指出植物生長區域	
taumu-no-foʼkunge	蟾蜍的草莓	命名涉及動物名	蛇莓
taumu-no-moatxʼnx	山羊的草莓	命名涉及動物名,或指出植物生長區域	待確認
taumu-no-taʼcx	山羌的草莓	命名涉及動物名,或指出植物生長區域	玉山懸鉤子
thoheʼexca-buhci	黏老鼠的草	命名涉及動物名,指出植物特性	澤蘭屬
toʼkeiso-no-eamʼumʼa	長毛的西番蓮	依果實外觀命名	毛西番蓮
ucei-poftʼia	會跳開的芋頭	依植物生長特徵命名	芋頭
yuhmx-cocmufex	很容易繁衍的珊瑚樹	依植物生長特性命名	著生珊瑚樹

資料來源:2013年浦忠勇調查整理。

(iii) 以「正宗」命名的植物

以「正宗」命名植物的方式，應是第二種命名方式的延申類型。亦即是依植物特性或特殊的文化意義而命名，在目前蒐集到的植物僅有六筆。鄒語的 axlx 具有「正宗的、典型的、真正的、最好的」等等意涵，這些冠以 axlx 的植物或動物，在鄒族的生活利用以及文化意義都具指標性與特殊性，而且與其他動植物有所區隔。

● **生薑**

這是傳統鄒族日常生活中普遍使用的調味食材，山肉野味幾乎都會使用，獵人上山幾乎都會攜帶一些，使用機會遠比其他調味食材來得多。

● **檜木**

鄒人稱檜木為「真正的杉木」，除與其他杉木樹種區分，也意味著鄒人對此樹種的認知與評價。

● **五節芒**

鄒人稱五節芒為「正宗的茅草」，是因為部落山野的芒草多樣，但真正在鄒族生活普遍使用的是五節芒，不只用於建築、狩獵或飲食，也在各類鄒族祭儀中普遍使用。

● **桂竹**

稱桂竹「正宗的竹子」，這是為要凸顯此竹類的特殊用途，因為鄒人建屋的竹材是以桂竹為主，比麻竹和石竹來得普遍。

● **旱稻**

稱旱稻為「正宗的稻子」，這除了象徵鄒族傳統以旱稻為主食之一，在重要節日宴客也以旱稻作成糯米糕以示慶祝，在部落祭典上也經常使用，這樣的特性與文化意義就和一般的水稻有所區隔。

● **箭竹**

在鄒族部落的箭竹有好幾種，鄒語分別稱 pasx、paskosa、sango、ngutu 以及 tpoi，[4]但在鄒族的植物利用中，箭竹是最普遍的種類，包括飲食、生活用具以及狩獵文化均與箭竹有關（見表 3）。

---

[4]　此幾種在鄒族部落可見的幾乎箭竹除tpoi（玉山箭竹）和pasʉ（箭竹）已經鑑定確認，其餘尚未完成。

表3
以「正宗」命名的植物例子

鄒族名稱	鄒語含義	中文名
cuc'u-axlx	正宗的辣椒	生薑
fahei-axlx	正宗的杉木	檜木
haengu-no- axlx	正宗的茅草	五節芒
kaapana-no-axlx	正宗的竹子	桂竹
pai-axlx	正宗的米	旱稻
pasx-axlx	正宗的箭竹	箭竹

資料來源：2013年浦忠勇調查整理。

　　這些可以稱為 axlx 的「正宗植物」，在鄒族的植物利用上都有其特別重要的因素，具生活實用之價值，甚至這些植物已涉入鄒人的宗教文化領域。在此也可以從鄒人稱溪流的「鯝魚」（又稱苦花）為 yoskx-axlx，其實部落溪流的魚類還相當多元，除了鯝魚之外，還包括馬口魚、石賓、高身鯝魚、何氏棘魞、岩鰍等等，但鄒族認為苦花是最好的魚，味道才是正味，而且小米播種祭的儀式要使用苦花，因而才有「正宗之魚」的名號。鄒族以 axlx 為名的，其文化意義與命名思維是相同的。

(iv) 依「鬼靈」命名的植物

　　鄒族植物命名的特殊類型，是以「鬼靈」來命名，本書蒐集到六筆植物。以 hicu（鄒語原意即鬼靈之意）命名，讓人覺得它具有神祕與神聖性，然而這類命名的植物並無採訪到清楚的意義可以查證，此處僅推測說明如表 4。

表4

以「鬼靈」命名的植物例子

鄒族名稱	鄒語含義	中文名	可能命名原因
cuc'u-hicu	魔鬼的辣椒	野生小辣椒	依其勁辣程度而命名
huv'o-hicu	鬼的橘子	待查	未知
mongnx-no-hicu	鬼的大竹杯	括樓	未知
ngei-no-hicu	鬼的苧麻	山苧麻	未知，田調採訪一種說法認為，本植物是一種蜂類（待確認）喜歡取來做窩的植物，而這種蜂鄒語亦稱ngei-no-hicu，因而命名
pai-hicu	鬼之稻	臺灣野稗	鄒語的pai是稻米的總稱，pai-hicu的原意是「鬼魅之稻」，此植物之形狀極似一般的稻子，但其稻穗並不能食用，如果它與稻子長在一起同時生長，不意分辨，也會影響稻子的正常生長，鄒人也許討厭此植物的特性，所以就以「鬼魅」名之。這是流行於部落的說法。
taumu-no-engohcu	河鬼的草莓		通長此懸鉤子生長在河邊，依推測可能族人認為不是食用的懸鉤子，是屬於河鬼的植物。

資料來源：2013年浦忠勇調查整理。

(v) 「同名異種」與「異名同種」

　　有不少鄒族植物的命名有「同名異種」與「異名同種」的現象。同名異種，是指兩種植物或動物同樣用一個名稱，如 pcxx 分別指「何首烏」和「臺灣欒木」、veiyo 分別指白茅草，也指大黃蜂。異名同種，是一種植物擁有兩種不同和名稱，如臺灣蘆竹分別稱 engvoza 和 haangu'ngu、木賊分別稱 yohu 和 hoesu。會造成這種現象，大部分是因為不同部落之間的差異命名，當然也有這類的植物命名已無法追溯其真正的原因（見表5）。

表5
同名異種及同種異名的植物例子

鄒族名稱	另外名稱	中文名
engvoza	又名haangu'ngu	臺灣蘆竹
evi-no-puutu	原意是河洛人的樹；又稱kausayx	油桐
faaf'ohx	原意是葉子寬葉子的草；又稱s'os'o-mihna	昭和草
fa'ei	fa'ei另意為鄒族男子名	刀傷草
hoesu	又稱yohu；鄒語hoyu之另意為蘆竹	木賊
kaituonx/etuu	這是同種的山枇杷，鄒族又將山枇杷分成兩種，並有不同的植物認知和用途	山枇杷
kamae-no-puutu	語意為河洛人的番石榴；又稱kamae-no-ya'azuonɨ，意即南鄒的番石榴	蒲桃、香果
pcxx	另一意為臺灣欒木	何首烏
sango	又稱hunci，此語音接近河洛話之粉薯；sango之另意指箭竹	粉薯
sazanka	另稱teamhoe	苦茶樹
tafiseongx	另意為臺灣百合	呂宋莢蒾
taimau	taimau另意：鋤頭	土密樹
taivuyanx	原意指卡那布族群名稱；又稱s'os'o-baankake，意即長很高的草	野筒蒿
ta'moza	又名kut'i-puutu，意即河洛人的陰戶	臺灣土黨蔘
t'ocongoyx	今鄒人稱'ume（日語）	梅
veiyo	另意為大黃蜂	白茅
voyx	另意為飛鼠	臺灣紅藜
simismi	另意指烏心石	杜英

資料來源：2013年浦忠勇調查整理。

(vi) 外來語命名

　　鄒族是一支幾千人的高山族群，由於族群不大，加上外來族群的接觸互動或統治，植物的利用、命名、知識移借幾乎難以避免。鄒族有不少植物是直接挪用河洛話和日語來命名，其中有很多是經濟植物，這些植物根本沒有鄒族名稱，這裡反映的是語言的直接的移借，也反映民族知識的移借和同化，例如，稱龍眼為 yinkina，和河洛話相似，但經鄒人的轉化而成。但不論是直接移借或語音轉化，都涉及鄒族傳統植物認知模組的變化。探討鄒族以外來語命名植物的課題，基本上涉及了原住民族植物的繁衍、移植、族群互動、文化認同以及環境倫理，它也涉及整個部落的環境史。這個過程相當程度地改變了鄒人對環境認知、植物知識以及文化概念，這是在民族植物調查必會面對的課題。表 6 整理了一些鄒族使用外來語的植物資料，從這樣的現象可以在民族植物關於文化移借與族群互動提供一些想像。

　　對傳統植物命名與知識的移借，不僅改變了鄒人關於植物敘事與美學認知，也重新定義了族群之間的不平等的權力關係。當然，有的植物或作物是移植到部落，它們本身就沒有鄒族名稱，所以就直接引用外來語，而不是鄒人重新命名，這個現象也相當多見。

　　當今植物的移植和流動極為普遍，我在做植物調查的過程中特別注意鄒人在家庭院所栽種的景觀植物，大部分是引自外地的草木，這也造成鄒人對植物知識、管理技術、環境意識以及美學認知的典範轉移。植物移入與命名現象，同樣呈現語言、文化與知識的混雜性，也隱含鄒人多重認同的困境。為何鄒人接觸了外來植物之後產生崇拜與浪漫想像，反而回過頭來貶低在地植物的位階，認為它是野生的，是與荒野動物相關連的物種，而不是強調在地物種的價值以及與自我主體的連結。知識即權力，誰的知識才能定義植物的價值？植物移入部落，雖然是經過長期歲月緩慢進行的環境變遷，然而卻是強勢族群的植物知識逐漸取代、消弭族人的傳統，這已涉及不同群體之間經濟與權力的主從或依附關係。

表6
依外來語命名的植物例子

植物名稱	外來語	中文名
kuli	日語	板栗
maozi	日語	孟宗竹
micuva	日語	山芹菜（鴨兒芹）
naicingili	日語	梧桐
nasi	日語	梨
niki	日語	土肉桂
'ocia	日語	茶樹
hunci	引自河洛話	粉薯
tiamhoe	引自河洛話，鄒語另稱sazanka	苦茶樹
siso	日語	紫蘇
soosizu	日語	相思樹
suai	河洛話	芒果
vasavi	日語	山葵、芥末
kiuli	日語	黃瓜
taikon	日語	蘿波
nasuvi	日語	茄子
sakula	日語，鄒語稱eyofoyonx	櫻花
kaki	日語，鄒語稱hcuu.	柿子

資料來源：2013年浦忠勇調查整理。

ii. 植物的利用與分類

就民族植物而言，「利用」與「分類」的概念犬牙交錯難以割開，而我們是即利用實際現象再去做植物的分類，換言之，植物利用已經隱含對植物的分類，我們無法從分類去探討植物的利用。鄒族對植物的分類屬概括性的，「低海拔的植物」、「部落附近的植物」、「高海拔的植物」、「潮溼地區常見的植物」、「乾旱地區常見的植物」、「崩塌地常見的植物」、「峭壁常見的植物」以及「稜線常見的植物」……等等植物群落的概念。但這樣的分類屬基本的植物分布概念，什麼植物常見於什麼樣的地區，什麼季節可以利用什麼植物，同樣也涉及植物利用與分類的知識，因為要用什麼植物？要在什麼樣的區域找到所需的植物？已經扣連到鄒人植物利用與分類的思維。例如，獵區的植物群落、植被特性以及生態環境，是鄒族獵人必須熟悉的植物常識。要細緻理解鄒人對植物的利用和分類，仍須回到個別植物在鄒族日常生活的利用開始，蒐集每一植物如何被利用，以及族人賦予它什麼文化意義，最後再從這些植物資料去概略地做植物分類。分類，也得回應鄒族日常生活的內涵，這樣的分類結果才可能貼近鄒族的社會文化脈絡。

跟其他的原住民族一樣，鄒族有許多植物的利用與分類是跳脫了一般植物學的範疇，這也是探究民族植物的趣味與價值。我們用五節芒（鄒語稱 haengu）的例子來說明，鄒族植物誌已詳細紀錄五節芒的利用情形（參閱第五部關於五節芒的描述）。五節芒的命名、生活利用以及族人賦予的文化意義極為豐富，從其初生到枯死的過程中，因其利用不同而有不同的名稱，可以看出一個生活在高山的族群，五節芒是如何深刻融入在鄒人的生活肌理中。從飲食、建築、狩獵、漁撈、農耕、工藝等等有形物質的利用，又跨界到宗教儀式等超自然領域。因為它在日常生活的用途非常多元，導致我們無法將五節芒列為特定的分類項目之內。這也是本書對植物分類採取彈性的原因，很多植物跟五節芒一樣，它的利用以及文化意義是在鄒人生活各層面上來回穿透。

延申論之，鄒人將五節芒區分成 haengu 以及 ptiveu 兩類，而且清楚明白兩者用途的異同（同樣可以參閱第五部的鄒族植物誌資料）。這個現象我特別問了研究伙伴也是植物學家嚴新富先生，他表示：「在中文名稱上都稱為五節芒，沒有特別去細分」，這就是民族植物的特殊性，鄒族從其生長環境、植物特性以及實際的植物利用予以分類，這又是民族植物與一般植物不同的分類觀點的好例子。另外，鄒族對五節

芒的文化認知與解釋，也超出一般植物學的知識理解，質言之，五節芒在鄒族植物概念裡已經自成一套知識系統，它連結族群文化肌理，了解鄒族關於五節芒的知識，多少可以參透民族植物有趣的在地人文軌跡。

再舉一個例子——「臺灣山枇杷」。在一般植物學的分類只屬於一種，但鄒族卻將山枇杷清楚地區分為兩種，鄒語名稱為 kaituonx 以及 etuu。鄒人對這兩種山枇杷的利用及分類概念是有憑有據的，前者常見於較低海拔地區，葉子較大，果實不怎麼好吃；後者常見於高海拔地區，葉子較小，果實很甜，動物比較喜歡吃，樹幹也比較有彈性，可以作為陷阱獵的彈力木條。對獵人而言，兩種植物生長區域會招引不同的野生動物前來覓食，etuu 更具狩獵文化意義，因為它生長在遠離部落的獵場，狩獵用途較多元。如此差異的植物利用和分類現象，在鄒族植物文化中比比皆是。

當然，鄒族對許多植物的分類是概括性的，特別是在日常生活中沒有特殊用途和意義的植物，通常就不會特別命名及分類。例如，鄒族稱各種藤蔓類植物為 emcu，除了有具體利用的擁有名稱（如：葛藤、黃藤等等），但大部分的藤蔓類並沒有特別的命名。雖說沒有特別的植物名稱或分類項目，在生活周遭的各類花草樹，對鄒人而言其實都可能成為生活利用的對象，只要是身邊的草木就有可能作為生活的器物，縱然它不一定有特定的植物名字，如在野地搭建山寮、生火、野炊或露宿等，基本上是以隨手可得的植物作為材料，所以這些無名植物，它依然可以作為生活利用的山林資源。

本書將鄒族植物依其利用方式區分為食用植物、童玩植物、藥用植物、狩獵植物、建築用植物、生活用品植物、儀式植物、經濟植物、神話傳說及習俗相關植物、生態相關植物等 10 類（見表 7），這是依植物誌所做的初步分類。必須強調的是，這樣的分類僅僅只是「暫時性界定」，因為民族植物的利用以及民族知識的意義，屬情境知識，許多植物的利用經常會依據情境而調整或定義。當然有的植物利用是確定的，不動如山，特別是儀式用的植物不能弄錯，這是因為涉及神聖或神祕的宗教信仰事物，所以不容易更動，或者根本不能取代，否則可能觸犯儀式禁忌。例如，特富野部落的神樹，即男子會所廣場的雀榕樹，曾因基督教進入部落被砍伐而無法繼續舉行 mayasvi 儀式。鄒族長老的觀念很單純執著，「神樹沒了，如何舉行儀式」，祭儀植物的利用經常是專一的，不可取代，小米祭一定要使用小米，不可能用水稻取代。又如毒魚藤因其具毒性，其利用只侷限在河川捕撈活動，別無用途，這一植物知識是每個父母親都給孩子會交待清楚，以免發生誤食危險。有部分因植物特性無法用其他植

物取代，例如，用月桃製作草蓆、用苧麻織布、用五節芒蓋屋、用冇骨消治病等等，換成其他植物就無法達成目的。也有許多植物的利用經常依實際環境時空來調整，例如鄒人要製作陷阱或工具，並不會受限於太多的禁忌規範，完全是依現有可以取得的植物去利用或創作。因而，植物分類雖然有的相當確定，有的重疊及變動的特質，這是本書採取「暫時性分類界定」的用意。

表7
鄒族植物利用概覽

用途別	植物名稱
食用植物	朝天椒、李子、桃子、花點草、香蕉、樹豆、山蘇、龍眼、山枇杷、水芹菜、昭和草、咬人狗、檳榔、鳳豆、熱帶葛藤、地瓜、山藥、樹薯、臺灣芭蕉、五節芒、柿、臺灣蘋果、木虌子、紅棕、橘子、破布子、石竹、桂竹、蕃石榴、蒲桃、糙葉樹、過溝菜蕨、臺灣木通、佛手瓜、板栗、埔姜桑寄生、山胡椒、孟宗竹、光果龍葵、山芹菜、李、土肉桂、臺灣肉桂、矛瓜、茶樹、火管竹、綠竹、刺竹、旱稻、山苦瓜、箭竹、麻竹、破布烏、玉米、薏苡、南瓜、木瓜、苦苣菜、莙葉、苦茶樹、火炭母草、紫蘇、愛玉子、芭蕉、薯蕷、金線蓮、呂宋莢蒾、小葉桑、苦蘵、蛇莓、玉山懸鉤子、刺莓、臺灣獼猴桃、腎蕨、食茱萸、蕗蕎、梅、葫蘆瓜（扁蒲）、西番蓮、小米、甘蔗、芋頭、黃藤、鳳梨、山葵、臺灣藜、山粉圓（香苦草）、刺蓼、羅氏鹽膚木、蕨
童玩植物	印度茄、冇骨消、木賊、石竹、桂竹、蕃石榴、血藤、箭竹、通條木、孤挺花
藥用植物	baku、姑婆芋、飛揚草、菝葜、fnguyu、地瓜、冇骨消、野桐、樟樹、蕃石榴、月桃、十大功勞、光果龍葵、葛藤、糯米團、綠竹、車前草、s'os'o-fkoi、t'ohngoza、薊、刀傷草、白茅
狩獵植物	烏皮九芎、花點草、杏葉石櫟、大葉石櫟、野栗、姑婆芋、樟樹、cum'u、九丁榕、山蘇、龍眼、藤花椒、臺灣蘆竹、山枇杷、楊波、山櫻、檜木、山桐子、地瓜、血桐、臺灣芭蕉、五節芒、山黃麻、柿、臺灣蘋果、楠、山棕、木賊、杜虹花、htuhuyu、石竹、桂竹、栓皮櫟、蕃石榴、糙葉樹、白肉榕、臺灣木通、血藤、金毛杜鵑、楓香、阿里山十大功勞、牛乳榕、水麻、苧麻、箭竹屬、水同木、臺灣魚、藤火管竹、綠竹、刺竹、箭竹、麻竹、破布烏、咬人貓、青芳草、木薑子、saiya、箭竹屬、苦茶樹、大葉石櫟、松樹、杯狀蓋陰石蕨、愛玉子、芭蕉、茄苳、

用途別	植物名稱
狩獵植物	薯蕷、金線蓮、呂宋莢蒾、桑椹、花生、土密樹、苦藤、大莞草、玉山懸鉤子、刺莓、臺灣獼猴桃、狗骨仔、櫸木、鵝掌柴、梅、西番蓮、小米、玉山箭竹、菊花木、黃藤、白茅、刺蓼、赤榕、大葉楠樹、山香圓、著生珊瑚樹
建築植物	樟樹、檜木、五節芒、柿、山棕、石竹、桂竹、刺竹、麻竹、破布烏、高山芒、大葉石櫟、松樹、茄苳、桑椹、土密樹、小葉桑、櫸木、鵝掌柴、黃藤、白茅
生活用品	姑婆芋、龍眼、無患子、山芙蓉、血桐、臺灣芭蕉、五節芒、山棕、木賊、紅棕、石竹、桂竹、月桃、紐西蘭麻、孟宗竹、苧麻、葛藤、山黃梔、火管竹、薯榔、刺竹、箭竹、麻竹、通條木、苦茶樹、相思樹、煙草、兔兒菜、臺灣蜘蛛抱蛋、玉山箭竹、黃藤
儀式植物	姑婆芋、金草石斛蘭、山芙蓉、地瓜、五節芒、大葉骨碎補、野桐、野牧丹、黃荊、孟宗竹、旱稻、酢醬草、小舌菊、梅、小米、澤蘭屬、黃藤、白茅、臺灣藜、赤榕
經濟植物	樟樹、廣東油桐、刀傷草、臺灣赤楊、紅棕、破布子、石竹、桂竹、梧桐、茶樹、箭竹、麻竹、苦茶樹、天門冬、愛玉子、芒果、金線蓮、蓖麻、鵝掌柴、山葵
神話、傳說及習俗相關	臺灣小蘗、金草石斛蘭、山芙蓉、鳳豆、五節芒、臺灣蘋果、栓皮櫟、楓香、咸豐草、旱稻、臺灣欒木、木薑子、粉薯、芭蕉、茄苳、小米、黃藤、臺灣藜
生態相關植物	文殊蘭、臺灣蘆竹、莎草、玉山圓柏、油桐樹、玉山圓柏、山櫻、雲杉、咬人狗、臺灣金狗毛蕨、菝葜、臺灣赤楊、崖薑蕨、鳳豆、臺灣芭蕉、五節芒、山黃麻、楠、石竹、桂竹、白肉榕、血藤、兩耳草、牛筋草、埔姜桑寄生、金毛杜鵑、咸豐草、阿里山十大功勞、臺灣崖爬藤、臺灣野稗、箭竹、臺灣欒木、破布烏、咬人貓、聖誕紅、高山芒、蘭花、松樹、杯狀蓋陰石蕨、颱風草、臭辣樹、soe、茄苳、呂宋莢蒾、臺灣百合、大莞草、孤挺花、澤蘭屬、腎蕨、tohcu-nakuzo、臺灣蜘蛛抱蛋、菊花木、白茅、刺蓼、羅氏鹽膚木、銳葉牽牛、蘆葦、著生珊瑚樹、莎草、黃連木、山葡萄、batayx、布袋蓮、fafo、大花曼陀羅、hcuhcu、白匏子、knomx、楓樹、倒地蜈蚣、括樓、山苧麻、紫茉莉、蛇木

註：部分鄒語名稱尚未確認中文及學名，即以鄒語名呈現。
資料來源：2013浦忠勇調查整理。

II. 花草樹木之間的文化軌跡

這 10 幾年來持續在花草樹木之間探尋部落文化軌跡,也許時間還可以拉得更長,因為我童年到現在有大部分的時間都在部落生活。當然,求學、工作型態的轉變雖與鄒族傳統文化有些脫離,但工作之餘還是持續接觸山林環境,如狩獵活動幾乎未曾停止過。身體融入在山林環境,有太多生活所需必須仰賴周遭的資源。在獵場必須要知道要如何循古老路徑走到獵場,如何確認獵場地形及範圍,如何搭建山寮,如何取水,如何在野地生活、炊食以及求生,又如何依不同季節找到獵物的出沒區等等。這些山林狩獵一系列的行為,都必須有基本的知識和技術才能應付自如,不然非但無法順利打獵,也許可能發生安全疑慮。這些林林總總的知識和技術似是抽象不易言明,卻又是近在眼前的活生生身體經驗。

有一次跟幾個同伴在傳統獵區打獵,一起上山的老獵人坐在森林的一塊石頭上,他安靜地觀看四周環境之後表示,今天就在這裡搭山寮休息,大家動手吧,這時候同行的獵人就得快速採取木材,在背風面搭建山寮,生火炊飯。那天就在山寮附近進行夜獵,收穫不少。那天夜晚入睡之前我想一個問題,老獵人決定在這裡紮營一定有他的理由。隔天清晨起床,我自己在附近林間走走,慢慢觀察山寮周遭山林環境。山寮位置就接近稜線地形,那時候是十一月,殼斗科植物已經成熟,飛鼠已經在樹上啃食,不少果實落到地上,各種野生動物前來覓食,我可以看出山豬、水鹿、山羌的足印以及鳥類活動的痕跡,我可以想像這個區域從白天到夜晚野生動物聚集喧囂的畫面,而這正是巡獵的絕佳時機。稜線下切處即有一處水泉,雖然只是涓涓滴水卻足夠使用。另外,搭建山寮的地方隨處可以採集生火用的木柴,溫暖的山寮讓大家一夜好眠。從地形、季節、植物、水源、獵物等等相關的細膩觀察與判斷,讓我佩服這位老獵人的山林知識及經驗,這些知識經驗是實踐的知識,也是情境的知識,雖難以文字書寫,卻真實存在。

有時候談一個民族傳統文化這個詞確實有點抽象,難以統一其定義及範圍。時間要多久才是傳統?文化又是指涉何物?言人人殊。我們可以用民族知識、技術、觀念、規範、價值以及信仰去說明文化意涵,也許可以更清楚一些,而這些文化就存在於生活情境之間。如同臺灣原住民族一樣,鄒族有其獨特的生活文化,這些文化隨處存在,

也清晰地與其他族群有所區隔，重要的是必須從實際生活情境當中才能理解，我們這幾年就從部落的花草樹木之間探索鄒族的傳統文化。花草樹本是很具體的文化載體，從家裡的庭院車前草、家庭菜園龍葵、部落道路旁的野牧丹、農耕地區山葛藤、溪流邊的楊波以及荒野獵場的青剛櫟等，都可以看得到、摸得到、聞得到、用得到或吃得到，它們是生活日常所需，也是身體可以密切接觸的有形物質。我們從花草樹木一點一點地耙梳它們跟鄒人生活習俗的關係，也是是鄒人怎麼命名、利用、分類，又如何賦予他們意義，這個過程以及蒐集得來的資料，已然成為鄒族民族知識體系的大切片，也就是從花草樹木作為切入的巧門，在植物世界去蒐集、詮釋鄒族文化的幽微。

經過持續將一株又一株的植物知識整理堆疊、連接之後，我們可以發現其實鄒族的生活領域好像是被多樣植物文化網所孕育的世界。部落的雀榕神樹、金草神花，部落周邊的茄苳、山芙蓉，農耕地區的鬼針草、兩耳草及芒草原，乃至更遠獵場的山枇杷、玉山箭竹以及山稜上的櫟樹等等，這些似乎形成了土地連結與空間概念，鄒人藉著植物的分布加地形、山勢、溪流以及山林小徑的網網狀連結，形成鄒人對於傳統生活領域的基本認知。原本是一株花草樹木的知識，它可以逐漸累積成豐富的知識與文化體系，最後成為民族生態的宏大宇宙觀。

III. 持續流動的植物文化

當然，文化是流動的，植物知識從過去到現在一直在環境變遷的脈絡下改變它的輪廓，甚至消失不見。這樣的例子隨處可見，例如，五節芒草原是過去鄒人焚獵的好地方，但從臺灣日治時期即禁止火燒山林的打獵方式，芒草原跟鄒人狩獵的關連就少了一個項目；紐西蘭麻曾經是鄒人重要的束帶繩索用品，也可用來背負重物，那段時間很多家庭在附近種植備用，但市場可以買到各類繩索之後，取代了紐西蘭麻，種植的人少了，或只是種來作為懷舊之用；愛玉子在傳統領域隨處可見，起初在鄒人認知中它是狩獵相關的植物，果實會引來野生動物覓食，之後愛玉可以作為商品，有段時間鄒人紛紛前往原始森林進行採收販賣，是重要的經濟來源之一，由於野生愛玉子都在深山原始林，藤蔓攀附在高大的樹上，不易採集，於是族人將愛玉子移至農耕地，

人工矮化栽培，成了部分鄒人的重要經濟作物。湯淺浩史（2000：41）著作中提到鄒人會用相思豆作為個人裝飾品，俄國語言學家聶夫斯基曾於 1927 年採集鄒族語料，並撰寫第一本《臺灣鄒族語典》（李福清等 1993）。他返國時帶回蒐集到的一些鄒族文物，即有鄒人以相思豆製成項飾的圖片，然而這一植物對當代鄒人完全陌生，幾乎成了文化斷點。當然也有的植物利用比較不會隨著時間而變化，特別是儀式用植物，因為鄒人在儀式中維繫它的神聖性，所以在利用以及解釋上顯得特別謹慎，源自傳統的相關知識技術大致能被保存下來，例如，小舌菊和山芙蓉籤條的巫師常用的施法器物，其相關的知識就一直傳承下來。但值得留意，並不是儀式用植物的利用以及解釋全部都能完整地保存，如家族祭屋內的獵神祭壇，鄒語稱 tvofsuya，要在此做 auyocx 潔淨儀式的時候應該使用 tubuhu 澤蘭（達邦社）或是黃荊 langiya，然而我發現兩社家族主祭長老還在使用的很少，這可能是儀式簡化，也可能是主祭長老忽略或遺忘這儀式用植物，大多只利用小舌菊 tapangzou 行之，將獵神座及小米聖粟倉的儀式植物共用。從植物利用的改變也可以看到傳統儀式變遷的軌跡。我們在植物的調查以及詮釋過程中，也關注到植物知識流動、變易以及轉化的現象，這是植物文化軌跡的探討，這應是探究民族植物知識永遠不會停駐不動的課題。

第五部

鄒族植物誌

I 基於保存在地知識與語言的目的，鄒族植物誌的植物排序係依照鄒語拼音字母，依序排列。

II 植物名稱僅列鄒語名稱及中文別名。

III 植物名稱使用官方公布的鄒語符號，但 ㄐ 符號考量書寫處理因素，本書均以 X 取代。

IV 本書圖片大致為兩位作者所拍攝，若用其他人之攝影作品，均註明拍攝者。

V 植物知識之內容包括作者之自我植物知識書寫、調查記錄以及各類文獻資料。相關文獻在本書前段論述均已標示。

VI 有些植物始終無法拍攝到照片，為了保存此植物相關的知識及文化，仍以文字書寫呈現。

A

'akuvouvou
印度茄，刺茄、紅水茄

此植物的植株長刺，果實有的形狀長得像鈴鐺，有的就像顆乒乓球一樣，鄒族小孩會技巧性地採取果實作為童玩物品，或者剝開食用皮肉。現在有族人將其陰乾作為裝飾。

有一首鄒族童謠曲名就叫"'akuvouvou"，開唱第一句就是"'akuvouvou vocanicani……"，這首歌謠以接龍的方式隨興加上這一句，凸顯童謠的俏皮性。

B

batako/batayx
高粱

鄒語batako指高粱，亦稱作batayx。

鄒族人認知中，這種作物不好吃，會在種植旱稻或小米時順便種一些，但種植數量不會很多，果實成熟後會拿來餵牲畜不食用，另高粱可以釀酒用。

2021年10月採訪里佳部落，在老獵人庭院中發現結穗的高粱，老獵人表示，以前種植的高粱可分高、矮兩個品種，庭院中這株品種是屬於高的。

beiyahngx
烏皮九芎

bxnxvxhx-no-yuhmuyu
紅肉李

鄒語bxnxvxhx是李子的統稱。

鄒族部落有多種李子,有紅肉的、黃肉的,族人不會予以細分,統稱作bxnxvxhx,其結出的果實可作為零食。

鄒語yuhmuyu是「流血」的意思,bxnxvxhx-no-yuhmuyu特指紅肉李,此借用血之顏色來描述李子的類別。

種在農耕地的李子,除作為鄒人零食外也是一些小動物的食物,松鼠、白鼻心、麝香貓及鳥類也喜歡吃。

beiyahngx每年春季開白色花蕊,花開期間整棵樹都是白色的十分好看,此時會引來許多蜂類吸食蜜源,果實成熟後是松鼠及一些鳥類喜歡吃的食物。

鄒人會用beiyahngx作為標地,故有些地名稱作beibeiyahngx,是指「烏皮九芎很多的地方」。

bxnxvxhx-no-eha'va
小李子

eha'va鄒語的意思是「吞入肚腹」。bxnxvhx-no-eha'va是指可以直接吞入肚腹的李子,因為這種李子的果實很小,可以一口吃進嘴裡,為了區別於其他品種的李子,鄒人稱之為bxnxvhx-no-eha'va。

bxnxvxhx-no-yam'um'a
桃子

鄒語yam'um'a是「長出毛、毛很多」的意思。

鄒語bxnxvxhx是李子統稱，它的果實本來就沒有毛，鄒族人把外形像李子又帶毛的桃子，稱作bxnxvxhx-no-yam'um'a，鄒語直譯是「有毛的李子」，以外形特徵作為植物分類依據。

根據作者實探，發現是一種未經改良品種的桃類，另稱作kemomo，此音為日譯，kemomo果實成熟後帶有酸澀味故族人不喜，鳥類和鼠類如白鼻心、麝香貓會來覓食。

C

ceuhu
花點草

ceuhu多生長在陰溼之地，所以在山林溪溝常見它的蹤跡。鄒族獵人認知中，ceuhu是野生動物的食物，特別是山羌很喜歡吃這種草。

cfuu-no-mamtanx
大葉石櫟

cfuu-no-mamtanx／大葉石櫟是鄒族獵場常見的殼斗科，更是鄒族獵場上重要的狩獵植物。鄒族獵人認知中，cfuu-no-mamtanx併同其他殼斗科植物開花及果實成熟的季節，會引來鼠類在樹上覓食，掉落地上的果實會引來其它野生動物前來覓食，此時正是行獵的好機會。

cfuu-no-mamtanx是鄒族傳統獵區一霞山山脈的主要狩獵植物之一，獵人們會特別注意這些殼斗科植物開花結果的情形，以便掌握狩獵最好的時機。

cfuu-no-'o'okos
杏葉石櫟

cfuu-no-'o'okosi／杏葉石櫟是鄒族傳統獵區常見的殼斗科植物，也是鄒族傳統獵區一霞山山脈重要的狩獵植物。

每逢cfuu-no-'o'okosi／杏葉石櫟與其它殼斗科植物開花和果實成熟的季節，就會引來野生動物前來覓食，鄒族獵人認知中殼斗科植物果實量產時是行獵最好的時機。

cnguhu
臺灣栲、臺灣苦櫧

cnguhu是指臺灣栲類。

鄒人將此植物又分為cnguhu-no-fxhngya紅色的栲木和cnguhu-no-fxic'ia白色的栲木。fxhngya與fxic'ia／fxic'za鄒語意指紅色和白色。

cnguhu與其它殼斗科植物同樣是鄒族獵場中重要的狩獵植物，嫩芽、果實都是野生動物喜歡吃的食物，果實成熟時像板栗，外部被尖刺包裹住，開花時期長出的黃色花絮在山林間非常顯眼。

ci

柘樹

ci／拓樹的鄒語亦可作為鳥名，鄒人認知中此植物莖幹有刺，野生動物會食其嫩葉、果實。

cnxmx

香蕉

cnxmx／香蕉是鄒族人傳統的農耕植物，也是族人的傳統食物。

鄒人種植香蕉作為食物，依食用的方式大致分作兩類，一是去成熟果皮食用，二是生果加工後食用；例如，鄒族傳統食物香蕉糕，製作流程就是將未成熟的香蕉去皮蒸煮後加入糯米搗製而成的食品。

鄒人製作香蕉糕時，會用杵和臼將糯米和香蕉搗製成香蕉糕，製作過程鄒語稱「poa-cnxmx」；poa-cnxmx使用的器具是杵和臼，用杵臼搗糯米混合香蕉搗製時會產生粘性，故進行搗米者只能一人，其他人則輪流上場。

族人認為，香蕉糕特別適合配著鹹魚一起食用，而且製作香蕉糕通常是有客人到訪的時候才精心製作，作為待客佳餚。

鄒族部落從以前就會種植不同品種的香蕉，大可概分成cnxmx／香蕉和suba／芭蕉。主要依據香蕉食用特性和特徵作分類，例如：

cnxmx-cohxmx，原意指「很甜美的香蕉」，鄒語 cohxmx 是甜的意思。

cnxmx-masxicx，原意是「酸酸的香蕉」，鄒語 masxicx 是酸的意思。

cnxmx-bankake，原意指「長得很高的香蕉」，鄒語 bankake 指身材很高。

現今部落種植的香蕉已有很多是外面引進來的，鄒人認為品種多一點可以吃到不同口感的香蕉。

未有塑膠袋製品時，蕉葉是族人常用來包裹食物的器具；乾燥的蕉葉也常被族人取來製作竹筒飯時竹筒塞口填充物，可防止燒烤時米粒溢出來。現今有族人大量種植香蕉當作經濟作物。

另，cnxmx也是松鼠、狐類和白鼻心喜歡吃的食物，族人會在香蕉根部放陷阱捕獵動物或用弓弩獵之。

cohu
姑婆芋

cohu／姑婆芋是鄒族日常生活中經常被利用的植物。

首先，姑婆芋是鄒族的醫療植物，如果被咬人貓碰到皮膚，可塗抹姑婆芋的汁液減緩疼痛。

再者，姑婆芋葉也常用來包東西，特別是豬肉或魚類，據說可以保鮮。

下雨天忘了帶雨具可取用芋葉擋雨。當代鄒人也多用姑婆芋作為景觀植物。

另外，姑婆芋也是狩獵用的植物，姑婆芋的果實成熟時，會引來鳥類覓食，鄒族人即在姑婆芋上做鳥套，此陷阱鄒語稱to-cohu「姑婆芋鳥踏」，這種通行在鄒族的狩獵方法因為危險性低，而且姑婆芋生長普遍，因此可以當作小孩子很好的狩獵初步訓練方式，許多鄒族孩子是從這種鳥踏開始學習狩獵技巧。

比較特別的是芋葉用於小米祭儀式上，如下所述：

在小米播種祭的儀式中，主祭者在聖粟田pookaya種完小米後，在田邊挖掘小土坑，再將姑婆芋葉平放於坑內，呈凹狀，灌一點水，再用初生的茅草梗（鄒語稱fexfex），從芋葉中心處戳破，讓水流入土地，此時主祭者口中並唸"cpxcpasu"，意思是「願水灌之」的意思，此儀式行為是希望種完小米之後，有雨水降下，使作物豐收。

cohu-chumu
布袋蓮

cohu-chumu／布袋蓮，chumu鄒語是指水，cohu-chumu特指出是長在水裡的姑婆芋。

cohu-chumu喜水，但若生長在稻田間，族人認知上因它會浮動漂移會影響稻子生長，就會將其移除。

c'osx
香樟樹

鄒族傳統領域的c'osx／樟樹可分為牛樟樹和香樟樹，鄒語統稱為「c'osx」。

樟樹對鄒族人而言，主要與狩獵文化有關；獵人認為樟樹果實成熟時，會引來鳥類、野生動物前來覓食，所以樟樹林通常是鄒人心目中的好獵區。

族人也常以樟樹為地名，如c'oc'osx則是指樟樹很多的地方。

日人統治臺灣時期的「理番古道」，鄒人稱作ceo-no-maya，意即「日本人的道路」，在這些道路旁，日人沿路種植香樟樹。

香樟樹樹形優美，但此樹長成後過於巨大不適合種在庭院當景觀樹，常見於部落間聯絡道路旁，有些部落特別闢建香樟林步道供外地遊客行走。

c'osx
牛樟樹

由於鄒族傳統領域的樟樹多，特別是牛樟樹，自有清以來，採取樟樹的故事就持續在鄒族傳統領域上演，日本政府乃至國民政府統治期間，均視牛樟樹為重要山林資源進行砍伐，引進腦丁「鄒語稱作toabi」煉製樟油，或作為建築材料；自此，鄒族獵場主權逐漸被侵擾，甚至被掠奪。

鄒族獵人經常在獵區看見被砍伐或已切成塊狀的牛樟，這些珍貴林木價格不斐，成為山老鼠最喜歡盜採的木材；以前用來煉製樟油的大鐵鍋也被棄置原地或被獵人搬到獵寮內作為儲水之用，在山上採集愛玉子的族人也會搬大鐵鍋到愛玉寮使用。

被砍伐倒塌的牛樟樹或枯立木會長出牛樟菇，此菇的經濟價值很高，有些專業採集牛樟菇的族人則定期上山搜尋採集牛樟菇進行販售。

cuc'u-axlx
生薑

cuc'u是辣椒總稱。cuc'u-axlx鄒語原意為「真正的辣椒」，即可見族人與此食材的密切關係。

生薑是鄒的傳統食材，族人使用生薑的用途很多，例如，鄒族獵人的獵袋內常會預備生薑，依據獵人的說法，如果長途跋涉以生薑沾鹽巴吃，不僅可以提神還能防止抽筋。

有族人表示小時候隨父親工作或打獵，因沒有其他菜餚，就將生薑沾鹽巴水配飯吃，這種生薑和著白飯的吃法是生長在5-60年代時期人的共同記憶，而現代生薑則是日常飲食中很常見的調味配料。

另，族人在舉行各項祭儀時，如戰祭、小米收穫祭等，都禁止食用有辛辣味的蔥、蒜，但是生薑則沒有限制，儀式期間仍可以食用。

cuc'u-hicu
野生小辣椒

鄒語cuc'u泛指辣椒，hicu是指超自然之鬼靈，cuc'u -hicu原意為魔鬼的辣椒，此椒體小但特別辣，故鄒人稱為鬼的辣椒。

在此的cuc'u hicu，是指部落族人使用的野生小辣椒，此辣椒最為辛辣，所以還特別以hicu來形容，以顯示其特殊味覺和辛辣的程度。此辣椒雖辣但仍有些鳥類也會吃。

cuc'u-mxengxcx
朝天椒

cuc'u-mxengxcx是指頭仰天的椒，鄒語的mxengxcx是指看上方、朝天、向天看的意思。此名稱是用辣椒外觀描述新外來品種的辣椒類別。

cuc'u-fuzu
山奈

fuzu是山豬，鄒語cuc'u-fuzu意思是山豬的生薑，這種植物常見於較低海拔地區，此植物的地下根莖有點像生薑，族人不食用，但山豬會挖其根部來吃。

cum'u
長尾栲

cxmx-no-boki
臺灣小蘗

cum'u／長尾栲是鄒族傳統獵區常見的殼斗科植物。

cum'u與其它殼斗科植物開花季節和果實成熟時都會引來野生動物來覓食，樹上會有飛鼠啃食嫩葉和果實，掉落地上的花架和果實會有大型野生動物前來覓食，如水鹿、山羊、山羌等，獵人認知此時是狩獵最佳時機。

cum'u／長尾栲是鄒族傳統獵區－霞山山脈的主要狩獵植物。

鄒語的cxmx是指刺、針之意，boki是指男子陽具，cxmx-no-boki的原意是指陰莖之刺，以此來命名植物，是以鄒族神話fafcuya「擁有巨大陽具的人」有關，內容可參浦忠成所著臺灣鄒族的風土神話。

cuesu
九芎

鄒人認知中，cuesu／九芎樹的果實野生動物喜歡吃，樹幹堅實可做柱子。此樹因樹型好看，現今族人也會將此植物栽植在庭院中當作景觀植物。

E

ecngi
樹豆

ecngi／樹豆是鄒人的傳統雜糧，通常在小米田與其他雜糧混種在一起。

鄒人常在主糧小米田間種些其他雜糧，如地瓜、豇豆、玉米、香蕉、芋頭、鵲豆、梨、李子、樹豆等數種作物，提供族人在等待小米收成期間也能收穫其他作物，鄒人認為小米田間種其他雜糧就可以在不同時間有不同的收穫，是一種善用地利資源的「九糧田地」概念。

鄒人認為樹豆和山肉一起煮食，具絕佳美味，現在許多部落餐館會推出樹豆湯作為店家的招牌餐飲。

efohx
臺灣山蘇

鄒族獵人的認知當中，efohu／臺灣山蘇是水鹿和山羊喜歡吃的植物。

鄒人生活場域中的臺灣山蘇因味道苦中帶澀，故族人不喜歡食用；現在鄒人會採取山蘇初生嫩芽作菜餚，也有族人進行種植，或作為庭院景觀植物。

efohx-no-keolo
崖薑蕨

鄒語keolo是乾的意思，efohx-no-keolo鄒語原意是乾的山蘇。這種蕨類喜歡長在樹上，有些動物如松鼠、猴子常以此植物作為掩蔽來躲避獵人的追蹤。

eingkina
龍眼

eingkina生長在海拔比較低的地區，南三村包括山美、新美、茶山等部落龍眼樹隨處可見，而北村如達邦，特富野和樂野就比較少，以前只要龍眼成熟，北村的族人會不遠千里從達邦、特富野經里佳前往南三村採摘龍眼再帶回北村供親友享用。

族人除了把龍眼當作為零食外，果實也是動物喜歡吃的食物，特別是獼猴、白鼻心、狐、鼠類等動物，所以龍眼成熟季節，獵人喜歡在附近巡獵。

另鄒人認為龍眼樹是用來烤肉的好木材。

ekvasu
刺藤

此植物是有刺的藤類植物,其果實具有黏性,可以黏住小型鳥類;另外,長毛的狗若碰到此植物也會被黏住。

engolea
文殊蘭

鄒人常將engolea ╱文殊蘭種在崩塌地,據說其根部可以穩住土地。以前鄒族婦女會用其葉子裝飾足部。現代鄒人也常將植物種植在自家庭院作為景觀植物。

engvoza/haangu'ngu
臺灣蘆竹

鄒人認為，臺灣蘆竹的根群非常強韌紮實，生長在峭壁上或溪澗岩石上都可以穩穩地抓住岩盤縫隙，因此族人只要在這些危險地區活動，都知道要緊緊抓住它的枝條就會比較安全。

有一首鄒族歌謠，曲名叫捉螃蟹，歌詞中有提到engvoza這種植物。

另外，鄒人常利用臺灣蘆竹捕蝦，做法是將蘆竹捆成一束，放入有蝦的水潭內，一、兩天後，再用網子撈捕棲息其中的蝦子，此方法鄒語稱為sohi'u，是相當傳統的捕蝦方法，不只是蘆竹可以使用，其他的草類其實也可以使用，只是蘆竹材質浸泡在水裡比較耐久。

eopayo
莎草、土香

莎草科植物，其葉子很銳利，葉子會割人，碰觸很容易就被割傷，所以用此特性命名，eopayo鄒語原意是指「容易切傷」之意。

etuu
山枇杷

山枇杷是野生動物的食物，從嫩葉、開花到結果，都有野生動物覓食；其果實成熟時呈鮮黃色，略有甜味，鄒人也採來作為零食。

山枇杷的樹枝具韌性與彈力，鄒族獵人喜歡用來做陷阱材料。

鄒族獵人認知中，山枇杷可分為二種，一種生長在低海拔，葉子比較寬，鄒語稱作kaituonx，另一種生長在海拔比較高的地區，葉子比較狹長，鄒語稱作etuu。

ʻeu
黃連木

鄒人認知中，此樹之汁液會引起過敏，工作時不小心碰到這種植物的汁液，或者是砍倒此樹時沾到汁液，會引起過敏現象，有些族人皮膚會紅腫發癢並伴隨著刺痛感，因此族人在農作區耕作時會特別注意。

此樹枯死後，其木心是好建材，鄒人常採來作柱子或傢俱，獵人會取材製作刀鞘。被此樹汁液接觸而過敏的症狀，鄒人也稱為ʻeu。

eupaka
無患子

鄒人會利用此植物之葉子和種子，當作洗衣材料，沒有
洗衣粉、香皂的時代，eupaka是鄒族傳統的肥皂植物。

eupo
水芹菜

evi-no-c'oeha
駁骨丹、楊波

眾所皆知阿美族人有豐富的野菜文化,任何植物只要到了阿美族人手中常會變成一道美味佳肴,反觀崇尚狩獵文化的鄒人可食用的野菜屈指可數,鄒人認知中像龍葵、昭和草等可以食用外,其它可拱採食的野菜真的不多,其中eupo/水芹菜是族人認為可以食用的植物。

鄒語evi-no-c'oeha原意是指「溪流邊的樹」,此植物在河床、河邊經常可以看到,具毒性,鄒人採來毒魚,但其毒性不若otofnana強,族人會將其枝葉曬乾後搗成粉狀再加入毒魚藤進行撈捕。

另外,因此植物毒性稍弱,就不用在流動的河水毒魚,鄒人會找有魚的死潭,用此植物毒魚或蝦,魚蝦稍微會有昏厥狀,但幾分鐘後又恢復正常,故鄒人如要大規模的毒魚,不會利用此植物。

evi-no-maakako
玉山圓柏

鄒語evi是樹的統稱，maakako是爬行的意思，evi-no-maakako是指「爬在地上的樹」。

生長在玉山頂上的圓柏，因為高山寒冷氣侯的緣故，樹長不高，就像匍匐在地上爬行的模樣，鄒人以此命名之。

有一首高一生先生創作之鄒族民間歌謠「登上玉山」，將玉山上生長的evi-no-maakako奇景融入歌詞中。

evi-no-puutu
油桐

鄒意河洛人／平地人的樹，鄒語中puutu專指河洛人，evi-no-puutu原意是指「河洛人的樹」，這樣的命名可以知道，這不是鄒族領域的原生樹種，而是由河洛人帶進部落來。

油桐有另外一個名稱為「kausayx」，當部落族人開始要使用貨幣時，就種植經濟作物作為換取貨幣的財源，大約在1970年代前後，鄒族人大量種植油桐樹，待成樹後撿拾其果實販賣掙錢，通常種植油桐樹的地方距部落較遠，族人將撿拾的油桐果實裝袋背回家，步行路程需一、兩個小時，是件相當辛苦的差事。

幾年之後油桐價格跌落逐漸沒落，便有族人開始大量砍伐油桐樹，跟著漢人學習種植木耳、香菇，因而部落現在的油桐樹已不多見。

evi-no-kxhtosx
廣東油桐

kxhtosx指堅硬，evi-no-kxhtosx鄒語指果實堅硬的樹，此為硬殼油桐，其用途和軟殼油桐一樣，均為經濟作物。族人也曾用油桐樹種木耳。

硬殼和軟殼油桐最大的差別在於果實成熟曬乾時，軟殼油桐徒手剝開外皮方便，但硬殼油桐必須要用鐵製品剝開外皮才能取果仁。

eyofoyonx
山櫻、緋寒櫻

eyofoyonx指原生山櫻花。

原生櫻花是鄒族獵區的狩獵植物，野生動物，特別是鳥類喜歡吃其果實，今部落所見的櫻花幾乎都是外來移植的櫻花樹種。

當今鄒人多以sakula稱呼此植物，sakula是外來語（日語），日人統治臺灣期間在阿里山地區種植吉野櫻，族人從那時候起開始使用日語名稱，反而少用鄒語名eyofoyonx，而且將原生山櫻花稱作sakula-no-ngohou，其原意是「猴子的櫻花」，將原生種與臺灣彌猴連結起來，感覺上有點貶意，也覺得山櫻花是次要的、是野生的沒什麼特別，所以現今鄒人幾乎已忘記eyofoyonx才是山櫻花的正名。

當代鄒人常在田間或庭院種植好幾種山櫻花，一來作為景觀植物，二來也作為誘鳥植物，但種的幾乎看不到原生種櫻花樹。

F

faaf'ohx／s'os'o-mihna
昭和草

faaf'ohx鄒意是有寬葉子的草；s'os'o-mihna鄒意指初生之草。

達邦系稱昭和草為faaf'ohx，鄒語意思是「寬寬的草」，應該是指出它葉子寬大的特性。特富野系稱作s'os'o-mihna，鄒語s'os'o是指「草」或者是「藥」兩種意思，mihna有「新的、不久的」之意，意謂此草並非原生種，而是不久才來到部落的外來植物。

faaf'ohx／s'os'o-mihna是鄒人認知中可食的野菜，族人會摘其嫩葉作為菜餚，用水煮或油炒都好吃，另鄒人會採集昭和草餵食雞鴨等禽類。

田間農作區每逢秋冬之際常可見到昭和草花絮紛飛的場景。

fa'ei
走馬胎

此植物多長在竹林裡，有一段時間有漢人進行收購製作中藥材，當時有族人會進行採集販售，現在已經沒人收購。

fafo
假酸漿、毛束草

傳統上鄒族人不吃fafo，但是會從野外採集fafo回來餵食家豬。

現今有族人開設餐館，為營造餐飲特色料理，便學習其他族群用fafo的葉子包裹糯米飯和豬肉，此餐點稱作吉納福，頗受遊客讚賞。

fahei
杉木

鄒人將所有的杉樹均稱fahei，鄒族主要種植柳杉，此樹約在1960年代前後，是由政府農政單位輔導栽植兼具水土保持及經濟兩用之作物。

60年代政府推出的造林政策鼓勵族人種植杉木，農政單位及公所保證種植20年後即可進行砍伐作建材販售，當時許多族人響應政府政策將小米田改種杉木，作者小時候也常跟隨父母親在杉木林間進行砍草整理的工作。

為了順利推廣造林觀念，各部落會定期辦理林務相關話劇比賽或表演，其中有一首「造林歌」歌詞如下：

> 造林呀保林，造林呀保林，我們要造林呀，我們要保林呀～
>
> 為了國家，為了民族，我們要造林，我們要保林。

這首歌當時在山美、新美及茶山部落相當流行，現今6、70歲年紀的族人都能琅琅上口，這首造林歌配上簡單舞蹈隊形，儼然可以演一齣舞臺劇。

現今族人常用fahei／杉木蓋木屋，是部落常見的建材。

fahei-axlx
檜木

鄒語fahei是杉木總稱，axlx有「真正的」、「本真的」、「正宗的」或「最好的」等等意思，故fahei-axlx鄒意是「正宗的杉木」。

檜木是族人觀念中最好的杉木。獵人認知中檜木是陷阱很好的彈力木條。其實檜木除了可作陷阱彈力木條外，將木材切片也是很好的取火材料；檜木質地堅實不容易破裂常被獵人取作刀鞘。另，檜木不易腐朽，是山林搭建獵寮的好建材。還有，檜木或檜木樹瘤的質地堅實，木紋極緻又帶有檜木香氣，常是山老鼠覬覦製成傢俱、擺飾及檜木精油的材料，據獵人表示，在鄒族傳統領域獵場中常會發現有盜採檜木的遺跡。

fahsu
冷杉

鄒族人的觀念中，fahsu這種樹是高海枝的樹，所以族人又將它稱作evi-no-pepe，鄒語pepe是高、高處的意思，所以要見到fahsu這種樹得爬上2,000公尺以上的森林才比較多。

feisi
咬人狗

皮膚若接觸feisi／咬人狗的葉子會有刺痛和過敏現象，所以族人在野外活動時會特別小心不去碰觸。當feisi果實的果肉呈現透明色澤時即可食用，食用時帶有甜味，是鄒童的零食。

此植物常見於山美、新美和茶山部落，達邦、樂野地區的人因不知道feisi的特性，常誤觸並鬧出笑話。曾有特富野部落的族人到南三村的途中，在解便時順手摘取feisi／咬人狗的葉子擦屁股，結果疼痛不已，還不知道是因何而起，因為他以為葉子上有蟲咬他，於是再拿一片更大的葉子再擦屁股，結果屁股更痛，事後熟知feisi特性的人告知之後才恍然大悟。feisi的果實也是動物的食物，如彌猴、白鼻心、鳥類等會在feisi的果實成熟時前來覓食。

feongsx
臺灣金狗毛蕨

feongsx是蕨類植物，此植物有叢生的特性能穩穩紮根地下，會逐漸蔓延到成一個區域。

鄒人常用feongsx作為地標命名，如特富野社有一個地名稱作feofeongsx，原意是指「feongsx很多的地方」。

fhungoya
乳仔草、飛揚草

鄒語的fhungoya原意指「紅色」。鄒人以此植物的莖葉呈現紅色特性而命名之。

族人認知中fhungoya是藥用植物，族人會用此草的莖葉水煮服用湯水，據說可治療嘴破之疾。

fi'i

檳榔

傳統鄒族人並不會吃檳榔，大約在1980年代左右，較低海拔的山美、新美、茶山部落開始種植檳榔作為經濟農作物，並有族人開始嚼食。

鄒人以前不吃檳榔，更不知檳榔心也可以食用，現今族人已經學會採食檳榔心作菜餚，另有部落餐館以檳榔心作為特色餐點。

fiteu
金草石斛蘭、木斛蘭

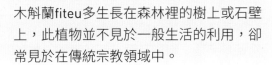

木斛蘭fiteu多生長在森林裡的樹上或石壁上，此植物並不見於一般生活的利用，卻常見於在傳統宗教領域中。

當然，諸多神話及習俗即讓木斛蘭擁有其神祕與靈性背景，創世女神nivnu在河水洗頭，水中即漂起木斛蘭。

鄒族神話也流傳著戰神在天界的居所，長滿了木斛蘭，所以男子會所也種植，作為神聖的標記（衛惠林等 1951：134）。男子會所屋頂上的木斛蘭，是祭祀天神hamo時降臨之處（中央研究院民族學研究所 2001：68）。

鄒族男子會所屋頂以及入口處兩側，均種植木斛蘭。鄒族重建或修建會所之後舉行戰祭mayasvi，要在會所屋頂重新種植木斛蘭，儀式象徵會所更新，也象徵會所與天神連結。

戰祭開始之前，參與祭典的部落男子，由長老分發木斛蘭莖葉兩枝，插於胸衣之右角（當今是插飾於皮帽上），在接受木斛蘭的過程中，需謹慎不能讓其掉落，否則犯了禁忌，儀式進行中要全程配帶。祭儀結束後，將其插於燧器袋籠（skayx-no-popsusa）保存。

fkuo
山芙蓉

值得一提的，象徵部落領袖的鄒族頭目帽，其半圓形框架即是用木斛草莖材料編織而成，充分表現出鄒族細緻工藝技術。由此觀之，木斛蘭和山芙蓉籤條等器物，均為參與儀式的聖化佩具。

由於鄒族認為木斛蘭是神聖植物，不會隨意種植。湯淺浩史（2000：76）記載，只有男子會所及頭目家可以種植木斛蘭，另外，祭屋內emoo-no-peisia亦可採取木斛蘭莖葉裝飾，象徵神聖。也因為其神聖性，種植在會所屋頂及階前的木斛蘭，不可隨意碰觸（衛惠林等1951：138）。

山芙蓉是在部落周邊山野常見的植物，又稱臺灣芙蓉、狗頭芙蓉、三醉芙蓉、酸芙蓉等，是臺灣原生植物。

鄒族人會利用山芙蓉的樹皮纖維製作背帶或作為捆綁物品之用。[1] 鄒族地名有稱為fkufkuo之地，意思是「很多山芙蓉之地」。

鄒族人鑽木取火yuopsusu，山芙蓉皮和芭蕉纖維均作為主要引火媒介（衛惠林等1951：97；湯淺浩史2000：153），在出征行為上鑽木取火具有神聖意涵，出發

---

[1] 鄒族的纖維植物包括構樹、山芙蓉、赤榕以及紐西蘭麻。

前由征帥yuozomx進行鑽木取火儀式，若取火順利則代表吉利，可以出征，否則無法出行。參與出征的男子，身上均要繫綁山芙蓉製成的避邪籤條。

鄒族戰祭所用之避邪籤條，製作時山芙蓉樹皮要跟梅樹心、野牧丹枝葉一起煮沸，浸染其中，完成時籤條染成朱紅色，平時存放在家屋。

山芙蓉在年末季節開花，族人認為山神hicu-ta-fuengu會在山芙蓉駐足停留，山神喜歡用山芙蓉的花作為佩飾hongsx，所以不能用石頭丟擲。

靈界中，人的遊離魂piepiya有時在山林之間遭山神傷害，稱為moloxngx，此時若要醫治，巫師需要用山芙蓉籤條禳祓驅邪，而一般的驅邪儀式是用兩根五節芒。

作者於2002年採訪特富野社巫師杜襄生（已歿），描述他為頭目家族所做的「餵食祖先儀式」。鄒族頭目汪念月和汪家主祭汪益義意於祭屋修建完成時，邀請巫師處理氏族歷來征帥和勇士返回家屋享用貢品。此法術必須使用山芙蓉籤條和全豬，不是像一般較簡易的（meua-kuisi）驅邪儀式，只使用小舌菊和五節芒，而且只有法力高的巫師才能施作，因為法力小的巫師尚未受到氏族祖先的敬重，甚至貶抑小巫師，致施法無效。這次是殺了一隻約60幾公斤的豬，把腸子取走後，取了五種豬的肉，包括舌、肝、右腿肉、里肌肉和脾等五樣，另外用humu野桐的葉子，包五個糯米包cnofa，也要用米酒，所用貢品都放在豬的肚腹上。接著就要用fkuo籤條開始施法，邀請汪氏祖先們回來享用。據杜襄生巫師描述，回來的祖先都穿

著鄒族盛裝，個個年輕俊美，一進到祭屋內，他們就自己用腰刀切豬肉來吃，巫師看著他們享用盛宴席。在巫師眼中，當祖先用完餐，整隻豬只剩下骨頭。在這些祖先臨走之前，巫師還要向他們祈願，保佑汪氏家族成員，儀式到此結束。

杜襄生巫師又提到，有一種病叫mea-hupa，是因為人走入被詛咒獵場而得的怪病。這種病在巫師看來，身上被蟲侵入啃咬，蟲會愈長愈大，長出毛，樣子可怕，得此病不容易治好，必須由巫師施法，由獵場主人持山芙蓉、茅草做驅邪儀式，另外還用山芙蓉籤條綁束的一個貝殼kacace，作為贖回病人的魂魄，這樣才能治癒。由以上例子可知，山芙蓉常用於非常特殊及嚴肅的儀式。

fnau
臺灣赤楊

鄒語fnau是指臺灣赤揚，獵人認知中，如果在傳統獵區長出許多赤揚木即表示這個區域曾經發生過大崩山，現今族人常在部落農地種植赤揚木，主要是要讓愛玉子攀爬，赤揚木生長速度快，愛玉子在赤楊木上也能快速擴展長得很好。

鄒人認為臺灣赤楊木容易在崩塌生長，如果山坡地長很多赤楊，族人也認為那曾經是崩塌的地方。

鄒人會用fnau為標地命名，如特富野社有地名叫fnafnau，原意是「赤楊木多的地方」。

fngxheo
山桐子

山桐子的紅色果實，是鳥類的食物，鄒族獵人採取作為鳥陷阱的誘餌，這種陷阱稱為topano；在鄒人的認知中，不是每一棵的山桐子都同樣程度地吸引鳥類覓食，獵人必須先觀察哪一棵是鳥類嗜吃的，就要採那一棵的果實當作誘餌，這樣才能吸引鳥類接近陷阱。

另外，鄒族童玩ploko，即竹槍，通常會用山桐子的果實當作子彈，做法是先將一粒山桐子推進竹筒內，再將第二粒山桐子用力推進竹筒，因竹筒人的空氣遭到擠壓，就會將前一粒山桐子發射出去，並發出爆炸的聲響。

fnoniu
石苓舅

fnoniu常見於河川溪溝邊界，果實成熟時呈粉紅色，味甜可食，鄒人會採來食用，果實也是鳥類及其他鼠狐類的食物。

fo'na
鵲豆、山扁豆、鳳豆

鵲豆鄒語稱fo'na，是鄒族傳統食物。鄒
人認知上，鵲豆適合生長在崩塌地，所以
部落附近發生山崩，族人就會前往崩坍區
種植鵲豆，有時也會將鵲豆種在新闢的小
米田間有大石塊或雜木旁任其攀附生長。
族人認為鵲豆和山肉一起烹煮口味最佳，
是正味，用來招待重要的貴賓或長輩最適
合端出fo'na山肉湯。現今也是部落餐館
最具代表性的傳統美食。

在鄒族的傳說中有一個奇異又荒誕的
meefo'na習俗，在鵲豆開花的季節，會
推派氏族處女女子，將花朵放置在陰部，
而鄒族男子要使用陽具將鵲豆的花朵挑

走,而曾經有一位鄒族男子在進行這個遊戲的時候,由於對女子心生愛慕,便在遊戲當中強暴該女子,這位女子認為這樣的活動實在荒唐至極;之後這名女子選擇從一處懸崖往下跳,失去寶貴生命,造成部落不幸事件。以這個行為抗議這種荒唐的活動,這樣的活動也因此終止。

2002年阿里山鄉公所據此傳說情節,改編成「生命豆季」新節慶。主軸活動則利用鵲豆和婚禮活動結合;因為鵲豆比較適合在崩塌地或山壁生長的特性,具有堅韌堅強特質,故將鵲豆美化為「生命豆」,且說成是生命繁衍且具有生命力的象徵,如今被誤植為傳統祭儀活動,這是曲解傳統文化的鮮活例子。

fonku-evi
米碎花／米碎栲木

fonku-evi的果實是鳥類的食物,特別是綠鳩特喜歡吃;族人認為此植物生長力強,即使噴藥也不容易枯死。

fsoi
熱帶葛藤

fsoi／熱帶葛藤和vici／葛藤常令人辨識不清，因為兩種植物的葉形太相似容易混淆。fsoi的葉子呈三角而vici葉子則呈楠圓如橄欖狀，如圖示明顯呈三角狀者為熱帶葛藤。

鄒人認知上熱帶葛藤的塊根可以生吃、用水煮或烤來吃都可以，常會挖掘葛藤塊根作為食物，是以前鄒族最重要的零食之一。

鄒人認為好吃的葛藤，鄒語稱為bsobso，吃起來味道較濃，而且澱粉也比較多。由於熱帶葛藤跟一般葛藤的葉子有差異，所以要分辨熱帶葛藤跟一般葛藤可以從葉子上的形狀差異來做判斷。過去鄒族孩子都會學著去草叢間挖掘熱帶葛藤的根，一來作為日常生活的零食，再則藉此學習如何正確分辨植物種類，學會在荒野中探尋挖掘，熟練野外生活的技能。特富野部落曾有杜家孩童因分不清毒魚藤和熱帶葛藤，誤食毒魚藤死亡的案例。

f'ue
地瓜

f'ue是地瓜的總稱,傳統鄒人是種地瓜的民族,地瓜是族人的重要雜糧主食,所以種了不少品種的地瓜,關於地瓜的描述語言很豐富,可以看出地瓜與鄒族的關係。

鄒族部落有幾種不同品種的地瓜,主要依據地瓜的來源和特性作分類,例如:

f'ue-enghova,原意是「藍/綠色的地瓜」,鄒語 enghova 是指藍色或綠色之意,但這種地瓜的心是紫色的(並不是藍/綠色)。

f'ue-fxhngoya,原意是指「紅色的地瓜」,鄒語 fxhngoya 是指紅色之意。

f'ue-masxecx,原意是「酸澀的地瓜」,鄒語 masxecx 是指酸澀味之意。

f'ue-sankagecu,原意是指「種三個月就可以收成的地瓜」,鄒語 sankagecu 是外來語(日語)三個月的意思,鄒人認知中此地瓜長得快,但不怎麼好吃,通常種來餵豬餵雞。

f'ue-sanae,原意是指「sanae 種的地瓜」,sanaae 是人名,據說此類地瓜是她栽種的。

f'ue-taivuyanx 原意提指「taivuyanx 族的地瓜」,taivuyanx 是異族名,為高雄卡那卡那富族,f'ue-taivuyanx 指這類種苗是從這個地方取來的地瓜,瓜心呈白色。

f'ue-maya,原意是指「日本人的地瓜」,此地瓜心呈紫色,鄒人認為此品種極佳。

f'ue-'angmu,原意是指「西洋人的地瓜」,此地瓜很大,但品質並不好,鄒人會吃,但主要是用來餵家禽。

族人形容粉粉QQ又好吃的地瓜為bsobso;形容水水的又沒什麼甜味的地瓜為toete;鄒人將地瓜晾乾,水分少了之後比較甜,鄒人形容為nozu。

鄒人食用地瓜的方式很多，每種方式都有不同的特殊口味。例如：

> 族人直接將整棵地瓜放進鍋子煮熟食用，鄒語稱作 toesngusngu。

> 將地瓜削去外皮，再切成塊狀，水煮之後食用，此方式鄒語稱作 pivuyu'u；

> 以炭火烤熟的地瓜，鄒語稱作 h'xeng'x。

> 將地瓜切成細條狀，曬乾，以杵臼打成粉狀，再蒸煮，熟了之後捏成圓形狀，此食物稱為 poaluki；這是童年最愛的地瓜口味。

鄒人也喜歡將小米、稻米和著地瓜一起煮，這樣一來可以節省米類主食，二來也可以增加米飯不同的口味；今鄒人已吃地瓜葉，過去只餵食牲畜用。

另外，鄒人在毒魚的時候，會隨身攜帶生的地瓜，在毒完魚之後生食之，據說有解毒效果。鄒人在儀式期間禁食地瓜，其原因不得而知。

地瓜主要在山野間闢地種植，野生動物也喜歡吃，所以鄒族獵人會趁地瓜長成之後，在地瓜園埋伏狩獵，也有獵人會刻意在山林間種植少量的地瓜，不是為了主食的原故，主要是要引來山豬覓食，再予以伏擊或放陷阱。鄒人製作抓松鼠、老鼠的陷阱常用地瓜為餌。

地瓜與鄒人日常生活關係密切，若有客人來訪，餐桌上準備了滿漢全席菜色，做主人的在吃飯時會用鄒語說 bonx ta f'ue 原意是吃地瓜，表示主人對客人的尊重，我們這一代的人就是吃地瓜長大的，小時候吃地瓜和小米是常態，甚至帶便當到學校也是地瓜，吃得到白米飯的家庭屬富裕人家。

自己最近常到便利商店買地瓜當早餐，除了養身考量，另外也可以回想充滿地瓜味的童年，每回吃地瓜，就好像在吃回鄒族的飲食文化。

f'ue-eyofou

山藥

鄒語 f'ue 是地瓜，eyofou 有二層意義，一是上山狩獵，二是肉很多，此植物則是取其像地瓜的塊莖厚實很有料的根部而命名為 f'ue-eyofou，鄒意是指很多肉的地瓜。

f'ue-eyofou 為藤蔓植物，塊莖可食，是族人常食用的零食。

f'uevi
樹薯

funkoasu
血桐

f'uevi鄒意指樹狀的地瓜。

樹薯是鄒人的雜糧之一，食用方式要先把塊根外皮削去，可以火烤、水煮，或者製成樹薯糕，另外可以切成樹薯細條，曬乾後再蒸熟食用。另，鄒族獵人常會在野生動物特別是山豬出沒路線種植樹薯，等樹薯長成山豬會來挖掘樹薯的塊根食用，獵人就會在樹薯附近進行伏獵。

funkoasu／血桐和humu／野桐兩種植物也因為外形相似常發生混肴被誤認的情形。鄒人認知中，humu／野桐與小米祭儀文化有很深的連結，而funkoasu／血桐則是部落田野間的一般雜，族人認為血桐的果實是野生動物的食物。另，族人會利用其葉子來包裹食物。

fxhfxhx
臺灣芭蕉

fxhfxh是蕉類植物，因具有蓄水能力強的特性，它生長的區域較陰涼濕潤，因此族人常在自家的水源區內種植fxhfxh以確保水源豐沛。fxhfxh／臺灣芭蕉之果實顏色、形狀與香蕉相似，但味道較為酸澀，所以族人不食用，認為它比香蕉難吃。鄒童會採來作零食。

當塑膠製品尚未普遍時，族人利用fxhfxh的葉子作為舖設thiayangx底層之材料，特別是煮麻竹筍的時候，為了要把煮好的竹筍封存在竹籠內（鄒語稱thiayangx）。thiayangx是用竹片編成的圓筒形中空竹籠，族人將需要的fxhfxh葉子逐一舖設在竹籠底部，視竹籠內麻筍堆積的高度，再陸續將fxhfxh葉舖設在竹籠內牆做保護層，直至麻筍堆滿再舖設一層fxhfxh葉並以重物壓實進行封存。族人會利用乾季將封存在竹籠內的麻筍取出來曬成麻竹筍乾進行販售。族人認為採用fxhfxh葉子作材料有透風滲水防止煮熟的麻筍腐敗的功效。

fxhfxh成熟的果實會引來松鼠、狐類及白鼻心等動物來覓食，此時獵人會在芭蕉樹周圍放陷阱或以弓弩獵之。

H

haengu
五節芒、鬼茅

鄒族部落周圍山林，五節芒是極為常見的禾本植物，它是鄒族人日常生活中用途最廣泛的植物，其利用與文化意義豐富。

在鄒人認知中，在部落周邊的五節芒大多為haengu，是鄒人主要利用的植物，而生長在高海拔的五節芒稱ptiveu，這種茅草外表有粗毛，鄒人認為，這種五節芒只能作為工寮或獵寮的材料，不會用來搭蓋正式的房屋、小米祭屋與男子會所。

如果仔細觀察鄒人如何利用五節芒，又如何賦予五節芒文化意義，可以體認這種禾本科植物確實已經深入鄒族文化肌理之中，可以從飲食、建築等有形物質利用到超自然的宗教領域看見五節芒的角色。

依五節芒生長的時序，初生到枯死，鄒族人就有不同的名稱與利用方式，茲說明如下：

一、日常生活使用

剛初生之嫩芽稱cuhu。可食用，野生動物如山豬會吃。嫩芽被蟲進入產卵呈肥厚狀更是鄒童的野地零食。

青嫩的五節芒桿莖被蟲進入產卵呈肥厚狀，稱為yapu'eoza，特別肥厚的稱fa'a，這是鄒族小孩的野地零食。

初長約50公分左右的五節芒稱fexfex。可以作為驅邪儀式道具，作為小米播種祭的祈雨器物；因其水分多，可作為野地解渴

· ptiveu

· cuhu

· yapu'eoza

· feufeu

· ngocngi

之用，鄒人認知中，是野生動物的食物。

鄒族有稱fexfex-no-yata'uyungana。這是指初生茅草中最粗壯的那一支，鄒語原意是指「高氏族之初生茅草」。至於為何涉及高氏族，原因不明。

鄒族傳統住屋、男子會所、工寮和獵寮的屋頂都用五節芒覆蓋，是利用已經長成之五節芒haengu，這種茅草可以鋪在地上，可放置山肉食品，或作為野地休息的草墊。

婦女生產後，會用茅草或竹片將臍帶切斷。

鄒族用五節芒製作先占標誌及指示標誌，鄒語稱tomohva。

茅草莖稱hipo，可以作為屋牆、製作床舖或置物架等器具。

另外，鄒人有一種觀念認為，茅草束中最粗壯的那一支可用來擊打蛇類，效果較好。

五節芒開的花稱ngocngi，可以作成掃把。

另外，如果土地久未整理，茅草長得很多又開了花，鄒語稱ngongocgi，這種說法暗諷田地主人懶惰，沒把田地管理好。

當五節芒老死，枯乾的茅草莖則稱esmx，可以當柴燒，或製作火把；枯葉稱hi'u，是很好的引火材料。

鄒族獵人喜歡在大片五節芒草原的獵區中，利用乾季期間進行焚獵的狩獵行為，焚獵是鄒族重要的團獵活動。

二、小米祭與五節芒

就宗教靈性層面而言，鄒人在各種大小儀式使用五節芒的情形極為普遍，首先說明五節芒在小米祭系列儀式中的利用。

年初，鄒族小米播種祭，主祭者帶著小米種、米酒、糯米糕、鯉魚、茅草莖、姑婆芋葉、桑枝等物品前往聖粟田，撒播小米之後，在聖粟田間挖一凹洞，鋪上一片姑婆芋葉子，將清水倒入芋葉，再用初生的五節芒刺破芋葉，讓水流入耕地，這是為小米正常生長做的祈雨儀式。

初春，小米開始吐穗期間，舉行除草祭mee-bxsʼ xfex，是期待小米豐稔的儀式，主祭者除了拔草外，並取茅草為小米田做祈福驅邪儀式。

夏季，小米收獲祭使用五節芒的儀式更多。為了迎接小米女神到來，在聖粟田用五節芒製作迎接小米女神的神位，稱hnou-no-pookaya；另製作供奉的器皿，稱emoo-no-ngangsi，在此對粟神行祭，告知將行小米收割之事。五節芒成了迎接粟神的重要植物。

初收割小米之後，小米女神即隨行進到家屋內，到粟神之家emoo-no-baʼe-tonʼu安座，此神座是用茅草莖桿製成。在此以酒、糯米飯、豬肉、松鼠及山肉供奉，即pʼotʼozu儀式。另外，初收小米儀式，主祭者在回家途中進入部落之前，會用打結的茅草作成paʼmomxtx，阻止惡鬼跟隨（湯淺浩史 2000：96）。

家屋內的聖粟倉，鄒語稱ketbx，這是用茅草莖桿所製作的小米倉，小米女神鎮守於此，直至翌年除草祭將粟神送出。

在祭儀期間，主祭者要用五節芒、豬耳所製作象徵家族生命的儀式器物，稱為vomx，揮動五次，反覆為家族成員祈福。

小米收穫祭進入尾聲，主祭者要用野桐葉包裹小米穗，並以五節芒製作豐獵儀式sxʼtx的祭神器物，鄒語稱為snoecava，為祭祀之薦台，再將包好的小米一個一個夾在茅草薦台上，每放一個，主祭者會說：「這是獻給某某獵場的貢品！」再用驅邪的山芙蓉籤條綁住。主祭者會蹲坐在薦台前，用手指將酒點潑在土地做祈禱儀式，主要是希望獵物豐郁、獵場不要崩塌、草木興旺並結實纍纍、族人巡獵平安等等。

歲末，家族長老要先為隔年種小米的田行擇定儀式，鄒語稱aʼasvx。主祭者用三根茅草並以山芙蓉籤條束之，立於地上，之後行夢占儀式。做完這個儀式，整年的小米祭系列工作正式告終，就等待新的一年重新播種。

三、其他的靈性利用

五節芒的宗教意義不只限於小米祭系列祭儀中，而是深入到各類的靈性事務上，舉例如後。mayasvi對部落而言是重大的祭典儀式。過去獵獲敵首，部落勇士要給敵首靈供豬肉，是以五節芒之莖葉加木斛蘭之莖穿肉一塊為topana，鄒語為誘餌之意，夾在其口中，並祝禱願其靈魂吃此貢品，在此安息，並希望有更多敵首能前來。當mayasvi儀式結束，鄒族勇士取兩支五節芒帶回到男子會所，請長輩（最好是舅舅）為身體做epsxpsx驅邪儀式，此時戰祭正典才算結束。

鄒人認為五節芒具威嚇惡靈的力量，會用在各種驅邪上。如從平地民庄返家時，會以五節芒襀祓身體。為病人祈福時，以茅草驅逐惡鬼；在門口豎立茅草，防止惡靈入內。

鄒人也會做房屋的潔淨儀式，稱epsxpsa-'o-emoo。這是巫師或家族長老可行的儀式，會用兩支茅草在屋內揮動，象徵驅邪。同樣的，人死之後，鄒人認為家內聚集穢氣，家人及參與葬禮的人一同手持五節芒驅除邪氣。

另外，鄒人買賣、交換或贈予土地時，獲得土地的家族要向贈予土地的一方五支箭，雙方相約，以此箭告知土地神ak'e-mameoi。要在該土地上以茅草莖葉製作snoecava，將石塊置其下做topeohx祈福儀式，土地交易才算完成。

值得一提的是傳統鄒人殺雞時，斬其頭縛於五節芒葉上以為襀祓。這涉及鄒人對動物有靈的概念，不論是野生動物或家裡養的牲畜，都是有靈的生命。鄒人打獵，獵到獵物的當下，會先用米酒為獵物做祭祀，沒有酒，可以咀嚼米粒之後代替，儀式的目的是表達對土地神及獵物靈命的感恩，並希望往後能持續豐獵。若是宰殺牲畜，用五節芒做襀祓儀式，基本上意義相類似。五節芒在牲禮儀式中扮演著重要的神聖媒介。

haicuonx
狹葉櫟

haicuonx／狹葉櫟是鄒族傳統獵區—霞山山脈的主要狩獵植物。

haicuonx／狹葉櫟與其它殼斗科植物的果實相似度很高，例如cfuu-no-ˈoˈokosi／杏葉石櫟、cfuu-no-mamtanx／大葉石櫟及haicuonx／狹葉櫟三種殼斗科植物的果實放在一起，若不仔細辨別很容易產生混淆被誤認。

此植物與其它殼斗科植物開花季節和果實成熟時都會引來野生動物來覓食，樹上會有飛鼠啃食嫩葉和果實，掉落地上的花架和果實會有大型野生動物前來覓食，如水鹿、山羊、山羌等，獵人認知此時是狩獵最佳時機。

hahcx
蕺菜、魚腥草

hahcx的根部呈白色條狀，鄒人常挖掘作為菜餚，其味道有點辛辣刺激。鄒人認為採hahcx的根莖水煮服用，可驅除肚子內的蟲。

族人也用hahcx作為地標，在特富野社有地名稱hahahcx，原意是「很多hahcx之地」。

hana-tatako
大花曼陀羅（蔓陀蘿）

鄒意hana-tatako指婦人的花。

鄒語hana是指「花」的意思，tatako是一個婦人名，兩個字都是外來語（日語）。以此命名，據說是該婦女從別處帶hana-tatako到部落種植，並且大力向友人介紹推廣，沒想到此植物蔓延速度極快後來愈長愈多，最後想清除也不清除不了。

hana-tatako是有毒植物，某部落曾有女孩因吸吮其花蜜結果中毒死亡的案例。

hcungeu
山黃麻

hcungeu／山黃麻是鄒族部落常見的植物，其生長速度很快，但樹齡不長，不到幾年就會枯死，部落聯絡道路上的山黃麻常因枯竭倒塌阻斷交通，有時因為壓到電線造成部落停電。族人認知hcungeu不是好樹種，鄒語稱kuici-evi。（kuici鄒意指不好的，evi鄒意指樹）。

族人認為hcungeu不宜作建材但可以用來當柴燒，此木柴薪燒得速度快，因無法整夜慢慢地燃燒故不適合當鄒人狩獵野營時的柴火。

獵人認知中，hcungeu的果實是猴子喜歡吃的食物。另，hcungeu的樹皮可剝削作為蒸籠。

hcungeu-no-ta'cu
山油麻

鄒語hcungeu是指山黃麻，ta'cu是指山
羌，hcungeu-no-ta'cu鄒意為山羌的山黃
麻。獵人認知hcungeu-no-ta'cu此植物長
得不高，其果實是山羌喜歡吃的食物。

hcuu

柿

鄒語hcuu是柿子的總稱。

現今鄒人多以kaki（日語）來稱呼柿子，將臺灣原生柿hcuu稱作kaki-no-ngohou；kaki（日語）是柿子，ngohou是指猴子，kaki-no-ngohou鄒意指「猴子的柿子」。這是新的外來品種名稱取代鄒語名稱典型的例子。

鄒人認知中，野柿的果實小又酸澀不好吃，族人以前偶會採來當作零食，其成熟的果實是野生動物的食物，尤以猴子為最。現今鄒人已逐漸學習種植甜柿的技術，初期會先種植野柿苗，大約過了一、二年野柿苗長成再嫁接甜柿，族人稱呼甜柿也稱作kaki是當代重要的經濟作物。

heesi
臺灣蘋果、山楂

heesi是鄒族獵區常見的樹種，果實形狀如一般的蘋果但味道酸澀，是鄒族小孩的零食，另外也是野生動物喜歡吃的食物，獵人常趁此樹結果時前往狩獵。

現有族人會上山撿拾掉落在地上的果實，從洗淨、切片後曬乾販售作為養生食品，即現在飲品店常見的山楂，據說具有消脂作用。

鄒人以heesi來標示地點，有一地名為heesiyana，意即「有臺灣蘋果之地」之意，此地為現今之阿里山鄉二萬坪地區。

另，達邦社有一則「方氏族長老與野蘋果」的故事。主角方氏長老因為額頭太凸出有雙深陷的眼窩，此長相鄒語稱作mi-tapangx，有天長老在火爐旁休整，旁邊一群孩童正拿著野蘋果丟擲戲耍著，有個小孩不小心把蘋果擲到他的眼睛並卡在眼窩內，一旁的大人竊竊私語表示真糟糕，長老的眼睛應該被砸碎吧，好不容易野蘋果被挖出來了，長老的眼睛竟完好如初，大家都說，還好是他的長相救了一雙眼睛。

鄒語mi-tapangx是嘲諷一個人的長相，如果在聚會時帶有貶意的言語或動作，會引起公憤遭受撻伐，所以這句鄒語得看場合慎用之。

hiocx
冇骨消

hiocx喜歡生長在較陰溼的地方，鄒人認知此植物在醫療用途上，如族人會採其嫩葉用手揉搓之後，吸其氣味來治病；另，鄒人認為走長路之後，取其嫩葉火烤後在腳部揉搓可以減少酸痛。再來，hiocx的汁液呈紫色，鄒童會取其枝葉榨汁後塗抹在指甲上當作指甲油。

另外可以hiocx枝葉水煮服用，據說可以治感冒songx。鄒語songx是指咳嗽的意思。

hmuo
楠木（紅梗）

楠木的果實是鄒族傳統調味料，鄒人認為水煮山肉湯，再加上楠木果實，是絕佳美味，鄒人稱na-hmuo，意即「有楠木果實的味道」。

野生動物也喜歡吃楠木果實，而且吃了之後，其肉味因有na-hmuo之味道，例如山豬、猴子吃了之後會體內留有hmuo的味道，鄒人認為此山肉特別鮮美。

當代鄒人種植的經濟作物，如桂竹、甜柿、南瓜等等，收成時常被猴子光顧，但如果當年山裡頭楠木的果實多，猴子就比較不會偷吃農作物，特別是紅楠結果的季節也正好是桂竹採收的時間，如果當年紅楠沒有結果，那麼竹筍必然會遭到嚴重的猴害。

鄒族獵人非常喜歡楠木，因為hmuo的果實成熟期間可以吸引很多野生動物前來覓食，此時也是巡獵最佳時機。

hngxhcx
山棕

山棕是鄒族獵人製作獸套的材料之一。

山棕葉可以用來搭建臨時工寮,亦可製作掃帚。因山棕之植物特性充滿野性美感,族人辦理部落大型活動時常取山棕佈置會場。

另外,山棕成熟的果實也是野生動物喜歡吃的食物,如松鼠、狐狸、白鼻心以及等等,獵人常會在生長山棕的地區進行狩獵。

鄒族有種狩獵方式,鄒語稱作zotayo。這種狩獵方式如下,獵人會找一處野生動物喜歡覓食的植物附近,先用山棕的葉子製作成一個小屋,這種小屋鄒語稱作tayo,製屋完成後將小屋放置幾天,等野生動物對小屋消除警戒後,獵人就會躲進小屋裡面等待獵物,適機再以弩、弓箭或槍枝進行狩獵。

hoe
木鱉子

hoe是藤蔓植物，有特殊香味，
鄒人採其葉當食材，快炒或煮湯
都好。

此植物常見於山美、新美及茶山
部落，達邦及特富野部落比較看
不到。

hoesu
木賊

hoesu又稱yohu-no-ʼoʼokosi，指小的蘆葦。此植物莖幹柔軟可揉成一團，鄒人常取用作洗刷鍋子的材料。

鄒童會摘hoesu作為比賽接龍的童玩，比賽方式是兩人各取一根較長的枝條，將一節一節的莖節拉開，然後重新一個一個接回來看誰接得快，輸的人任由贏的一方處置。

鄒人認知hoesu多生長在山溝或溪邊潮濕處，山豬也會尋找此植物吃其嫩莖。另，鄒人常指出長出木賊的地方附近定有黏土。

hohx'exca
杜虹花（山檳榔）

鄒語hohx'exca原意是指糯米。此植物的葉子稍有黏黏的感覺，鄒人以此特性命名之。另名為mcoo-no-yoskx，鄒語意思是「魚的眼睛」。

鄒人認知中，此植物之果實是鳥類的食物；作者幾年前往楠梓仙溪獵場踏查發現沿途杜虹花被水鹿啃食的情形很普遍。

hohx'exca花朵繽紛美麗，鄒族婦女常採摘隨意插在頭上的黑纏布上作裝飾。

以前鄒人會將杜虹花樹皮取下嚼食，嚼食後與吃檳榔一樣嘴巴會變紅，現今鄒人直接嚼食檳榔已不再嚼杜虹花樹皮。

h'oi-fatu
大葉骨碎補

此植物是生長於石頭或樹上之蕨類植物。

h'oi-fatu特殊的用法在可用於巫術施法媒介上：如果喜歡某異性，可以將此植物切片或搗碎，放在水中或米酒裡頭，再向巫師學習咒語，唸咒語同時請對方在不知情的情況下喝下肚，之後對方將會對自己迷戀而無法自拔。另外，也可以再加入自己的眉毛或陰毛混入水中效果會更佳。加入眉毛者，會感覺對方很美麗或英俊，加入陰毛者，會感覺對方很性感。男性給女性施法，女性將迷戀男性一個月；反過來由女性給男性施法，男性將迷戀女性一輩子。

htuhuyu
九丁榕

獵人認知htuhuyu是野生動物的食物，果實成熟季節會引來動物覓食，此時是獵人狩獵的好時機。

hufu
紅棕

紅棕是鄒族1970年代左右所種植的經濟作物，是鄒人最初拿來進行交易的作物，族人墾地種植數年後終於等到紅棕長大，收成時用小刀將棕梠葉一片片從樹上割下來，這個步驟鄒語稱作pea-hufu，待紅棕葉曬乾後捆成一團團再徒步挑到部落雜貨店販賣，現今紅棕已不再販售，族人就任其生長，山野間偶而會發現紅棕的蹤跡。鄒人認知紅棕木心可作為食材，水煮或火烤均可，另，棕梠葉也可以用作搭蓋屋頂的材料。

humu
野桐

野桐humu是鄒族傳統領域隨處可見的植物，族人利用於生活的情形很普遍，如humu的草藥特性，族人常取其葉用口嚼碎，敷於刀傷或者擦傷處具有良好的止血消炎效果。

sx'tx儀式是小米收成祭的系列儀式之一，是在收成祭後段才舉行的儀式，主要是用小米祭獻山林中的土地神。在儀式上，經小米祭祝神儀式過的小米，使用野桐葉包起來，再拿到耕作區或者獵區來祭拜山神（獵神或土地神也可以），用此表示要和祂一起分享我們收穫的小米，也藉此祈求豐收與平安。在獵區的儀式由男性來做，而祈求農作豐收的儀式通常是由女性來做，女性做此儀式就在各家族的祭屋或農作區舉行。

sx'tx儀式的時候，用野桐的葉子包裹小米穗，一個一個夾在五節茅草梗上，每放

一個，主祭者要唸出獵場地名，並說「這是獻給該獵場的」，接著用山芙蓉籤條束縛之。此小米穗是從祭粟倉取來的，象徵用今年新收穫的小米祭獻給獵場的土地神和獵神。小米祭最後階段，是送走小米女神的儀式，要用野桐葉子將糯米糕和豬肉包起來，作為送走女神的禮物，此禮物稱為cnofa，象徵小米女神遠行路途中的食物。

2017年作者訪問山美部落族人，受訪者表示humu又稱為男人的樹，是要做獵場sx'tx祭祀時，用其葉子包小米的材料。受訪者又表示humu區分為屬男性的及屬女性的兩種，白匏子是屬女性的，可稱humu-no-maamespingi；而野桐稱humu-no-haahoacgu，屬男人的humu，於獵場sx'tx祭祀時使用，採其葉子包小米祭祀山神。

humu-fuengu
白匏子

鄒族生活場域常見的野生樹種，樣態與野桐
很相似，野桐葉子比較大，白匏子比較小，
野桐葉子是鄒族小米收穫祭儀式重要的物
件，白匏子葉子不會用來作祭祀物件。

huv'o
橘子

huv'o是橘子的統稱。

橘子樹的樹枝堅韌，鄒人常取來製作農耕
用具的手柄，如刀柄、鋤柄等。

特別提到huv'o-pa'kiau鄒意是指春節的橘
子，此植物與鄒人有著綿密的日常生活關
係，早期在部落看到、吃到的橘子稱huv'o-
pa'kiau，其原意是指「春節之橘」，味道
極酸，鄒語pa'kiau是指漢人的過年節慶，
此語應取自河洛話的賭博poakeao之意，
也許族人剛接觸河洛人或客家人過年的時
候，所聽到的經常是poakeao之事，所以稱
河洛人過年為pa'kiau，每當部落附近的河
洛人或客家人聚落過年，族人就會前往接
受酒宴招待，此做法鄒語稱toamimo，原
意是「接受酒宴招待」。

現今部落種植的橘類品種不勝枚舉，
huv'o-pa'kiau此類橘子也已不多見。

hxhngx
破布子

鄒人以前不太食用hxhngx，一來未經處理加工的果實有澀味，二來族人不知加工處理方式，但會採果實販賣給漢人；現今鄒人已學會如何利用破布子果實製成食品或作調味菜餚。

當代有許多族人種植破布子，再讓愛玉子攀附其樹幹，據鄒人表示，攀附在破布子的愛玉子，長得比較快。

hxhngx成熟的果實也是動物的食物，如松鼠、白鼻心、鳥類都喜歡吃。

 K

kaapana-no-enghova
石竹、轎篙竹

kaapana是竹子的統稱。kaapana-no-enghova特指石竹、轎篙竹。

自1970年代前後,竹子和竹筍成為鄒人重要的經濟作物,部落家家戶戶幾乎都種植竹子,不但在原住民族保留地上種植,也人前往林班地種植,種植的竹子以kaapana-no-enghova為主(enghova鄒意指藍或綠),族人認為這種竹子比較強勢容易生長,由於大量種植,鄒族部落山林放眼望去幾乎都可以看到竹子,每年4、5月份是族人的採筍販賣期。

最近幾年發生竹類簇葉病變,此病變蔓延速度很快,族人種植的竹子發生大量枯死的情形,原本部落山林放眼望去綠油油的竹林現今已呈現枯黃景象。

kaapano-no-hov'oya
桂竹

kaapana no-hov'oya是指桂竹,桂竹是鄒族重要建築、玩具及生活工具材料,在鄒族植物利用甚為廣泛,鄒族認為要做材料,桂竹比石竹更好。

竹子、竹筍和鄒族的關係極為密切,用途包括食材、建材、工藝、工具、童玩、取水、食器等,都可以用到竹材;更早期鄒人就會利用竹子製作竹耙進行耕地整理。

以竹材做的東西甚多,鄒族的器具如takieingi竹杓子、鄒族童玩竹槍pilki、竹杯pupunga、用桂竹做鄒族竹筒飯等等,是比較傳統的用法,現在有相當多的飾品、竹編都是利用竹材完成,竹製品在鄒族社會可謂不勝枚舉。

kaemutu
栓皮櫟

此樹多生長在海拔約1,000公尺的山林，樹皮斑駁厚實，年初嫩葉以及入秋的果實，飛鼠愛吃，鄒族獵人會前來獵飛鼠。

栓皮櫟亦為山神喜歡停駐的樹種，其性質類似赤榕樹及茄苳樹，山神視之為家屋、聚落。因是神靈棲居之所，走在其間不能大聲喧譁，也不能敲打樹幹或用石頭丟擲，以免觸怒其中神靈。

特富野社有一地名稱為kakaemutu，意思是「很多栓皮櫟的地方」，因樹大參天，空間呈現濃濃的陰暗詭異氣氛，據說這兒的鬼神眾多且力量強大，族人經常會在空中看到奇異的雲霧，是來自kakaemutu的神靈hicu迎戰別地或異族的神靈。

在鄒族傳說中，kakaemutu和yaiku（新美村下方）兩個地方的鬼靈最強，兩者經常發生戰鬥，場面驚心動魄。安金立巫師小時候曾跟隨父親到yaiku地，那時候年紀小，尚未開眼成為巫師，行走間他的父親（已為巫師）突然驚慌地說：「快躲起來，附近有鬼靈要打起來了！」他們就緊急躲在石頭邊觀看，接著就聽到石頭爆裂的聲音，他父親說，這是「kakaemutu和yaiku的鬼靈在河邊打鬥，還用槍打來打去，剛剛的聲音是打到石頭的聲音，這一回是yaiku的鬼靈戰勝」。

作者小時候也常聽母親和鄰居大人描述關於kakaemutu的鬼靈異談。這裡原是長滿栓皮櫟的森林，因為樹木高大，底下陰森森的，走入森林就會毛骨悚然，不敢出聲。大人常說，住在這裡的鬼靈力量最強，每次他們要出征，就會看到天上有怪異的雲彩飛出去，時而藍色，時而橘紅色，快速颺向遠方，此時會看到來自不同方向的怪雲飛過來，兩團雲就在天際間纏鬥爭勝。

約莫1970年前後，kakaemutu的地主決定開發這片土地，陸續砍伐栓皮櫟。在砍伐之前，他們也擔心驚擾巨樹鬼靈，恐遭不利，於是先以基督教的方式祈禱後才敢動工。地主表示：「他們依靠基督信仰，才沒有被這裡的鬼靈傷害」。目前這地方種植茶葉和雜糧作物，陰森氣氛幾乎完全散去。

kaituonx
山枇杷

此植物為喬木，生長在較低海拔地區，果實、嫩葉和花絮都是野生動物的食物，是鄒族獵人認知中的狩獵植物，鄒人也採果實食用充作零食。

kaituonx和etuu都是山枇杷，樹型樣態也很相似，鄒族獵人從這種植物生長分布場域區分成高、低海拔種，又從葉子的大小再細成為寬葉和狹葉兩種，這種具有獵人思維的分類方式相當有趣。

kamae
蕃石榴

鄒族部落的kamae，果實分白肉或紅肉，都是鄒族小孩常用的零食，也是鳥類和松鼠的食物。

蕃石榴也是鄒人常用的醫療植物，拉肚子或肚子痛時，會採kamae的嫩葉直接嚼食或用水煮來喝。

蕃石榴的枝條堅韌不易折斷，鄒童常以此樹練習攀爬晃盪技術，其果實除了可以當作零食外也可以製作陀螺童玩。

另，kui是一種夜鷹，鄒人都稱此夜鷹叫kui-kamae，大人常以被kui-kamae抓走來嚇晚間不肯睡覺或不聽話的孩童。

kamae-no-puutu
蒲桃、香果

鄒語kamae-no-puutu原意指河洛人的番石榴；又稱kamae-no-yaʾazuonx，意即南鄒的番石榴。

kamae-no-puutu鄒語原意是指「平地人／河洛人的番石榴」，又稱kamae-no-yaʾazuonx，意即「南鄒的番石榴」，顯然是外來品種。種在部落田間的蒲桃果實，是鄒童喜歡吃的零食。

kausayx-no-ana
石栗

鄒語kausayx指油桐樹，ana是吃的意思；kausayx-no-ana原意是指「可以吃的油桐樹」，族人如此命名顯然是由外面引進之植物，此植物的果實可以食用。

kanayx
糙葉樹

kanayx的果實是鳥類喜歡吃的食物，也是鄒族孩子愛吃的零食。

另外，鄒族勇士要求體態清盈易於行走征途或巡視傳統領域，會用束腰帶束腰來控制飲食，族人取kanayx樹皮製作束腰帶（鄒語稱snoeputa）。

kayao
過貓、過溝菜蕨

kayao-no-fuingu
廣葉鋸齒雙蓋蕨

kayao是部落田間常見的植物，喜叢生，所以不刻意鏟除會持續蔓延生長，族人會採kayao的嫩葉食用。

kayao-no-fuingu原意指「山上的過貓」，可見此植物非部落田間容易見到的植物。鄒人吃其初生嫩葉。

kayao與kayao-no-fuingu的樣態很像，但kayao-no-fuingu的形體比較大，野生動物如水鹿、山羊食其嫩葉。

新美部落往kuana的原始林有一鄒語地名稱kakayao，意即很多「kayao-no-fuingu」之地。

kayayapx
白肉榕、島榕

常生長在峭壁上或攀附在岩磐上，是鄒族地區常見的榕樹。

果實是野生動物的食物。有鄒人表示，這種樹的果子有兩種，一種是紅色的，動物會吃；另外是白色的，動物不會吃。

keesanun'a
臺灣木通（長序木通）、
臺灣野木瓜

keesanun'a是藤蔓植物，其果實形狀類似香腸，略有甜味，是鄒族小孩的零食。這種植物生長在較高海拔的區域，山美、新美以及茶山村部落，並未找到此植物。動物會吃其果實。

kelu-no-tfua'a
密毛蒟蒻

keivi
山臼

鄒語kelu-no-tfua'a，原意是「烏鴉的陰徑」，tfua'a是烏鴉，kelu是陰徑。有族人表示，密毛蒟蒻只有在較低海拔的山美、新美地區才看得到。

鄒語keivi發音近似日語，原意是「站崗」的意思。

此樹種在山美、新美以及茶山村較低海拔地區比較容易看到，族人認知動物會吃其果實。

ki'eocngi

馬桑

ki'eocngi常見於碎石礫土、崩壁上，果實成熟呈現深紫色，熟果與未熟果交融間的色彩斑斕。

鄒人認知上，ki'eocngi的果實具毒性不能食用。作者採訪的部落長老表示，早期鄒童都有吃過ki'eocngi的經驗，但大人們會一再交待不能吃多，不然會中毒，他自己也吃過，但只會吃一點點；作者兒時曾與其他孩童吃過，因為僅記只能吃一點，事後身體也沒什麼不舒服。之後特富野部落有孩子吃多了中毒身亡，從那時起就沒人敢吃。

kitposa
月桃

月桃是鄒族生活地區隨處可見的植物，鄒人會刻意種植方便取其外皮編織草蓆，傳統家屋的床鋪是以木頭排列而製，木頭與木頭間空隙頗大，便用月桃製的草蓆鋪設讓床面更舒服。

作者採訪里佳部落的族人表示，早期種植的月桃比現在看到的都還要粗壯，採收月桃的時間也固定在秋、冬兩季，這時期月桃的纖維比較堅硬是製作的好時機。日本人引進了榻榻米之後，族人便不再編織月桃，也沒有繼續種植月桃。

鄒人kitposa的利用主要在醫療及編織。族人取其根部及初生嫩筍當藥材，水煮服用可治頭痛；外傷時會用打碎的嫩月桃根，或加山茶子油來包紮傷口。月桃莖幹外皮可取作編織材料，編織涼蓆、盛物籃等，另外，葉子是包裹山肉、糯米糕、粽子等的好材料。

鄒族的植物世界──在花草樹木之間探尋文化軌跡

knomx
苔類

knomx似苔類，常見於較高海拔地區，knomx長在樹上時，細絲從樹上垂下來隨風搖動甚是好看，獵人認知在冬季時取樹上乾燥的knomx是很好的取火材料。

koeya
佛手瓜

鄒語koeya應該是取自河洛話「瓜仔」之音。

koeya容易栽種，是鄒人農作區或住屋旁常見的瓜類作物。獵人也會種一些koeya在獵寮旁，除了食其果實和嫩芽外，也可能誘引動物前來覓食。

鄒族婦女常會在住家周邊種植佛手瓜，瓜葉瓜果可餵養家禽、家畜，是牲畜主要的食物。作者兒時家中養豬，母親就在家裡周圍種滿佛手瓜，待瓜果成熟後摘取下來用大鍋煮熟給豬仔吃或直接用生果餵食牲畜。

konaknx
血藤

konaknx／血藤常出現在族人的生活日常中，例如鄒人在森林間遊戲，會砍伐血藤作為秋千之用，沒有拔河繩的時代舉行部落運動會，族人會以血藤作為拔河繩用。

鄒人認知中，血藤多的地方必定是未經開闢的自然原始之地；血藤的果實呈黑色、質地堅硬，是鄒童取來作惡作劇的物品，頑皮的鄒童將血藤的果實放在火上烤熱，或在地面上磨擦產生熱度後，趁別人未防備將其貼在手臂上，這突然之舉會讓人驚嚇。另，血藤果實也是多種野生動物喜歡吃的食物。

kulat'e-hipsi
兩耳草

kulat'e-hipsi鄒意指「扁扁的kulatx」。kulatx是鄒族女孩的名字，鄒語hipsi意思是「形狀扁的」，此為取兩耳草扁長的葉形而命名之。另有稱呼為maakako，是指「爬在地上」之意，此名稱描述此草生長特性。現有部份鄒人種植為庭院草皮之用。

kulat'e-hipsi另有名稱作s'os'o-tampu鄒語原意是「挑夫的草」，至於為什麼會如此稱呼，有族人說是因為挑夫來到部落之後，這種草就跟著腳跡移進來，但詳細情形已無法確知。

kulatx
牛筋草

kulatx是耕作地或家裡庭院常見的植物，根系特別發達生長力特別強，要拔除還得花力氣，若與農作物在一塊會影響作物生長，鄒人十分討厭這種草，尤其是部落農婦，每遇到牛筋草嘴巴就罵一次，一邊拔草一邊唸說：「這種草真是令人討厭！」，kulatx是鄒族女性名字，此草以此命名，但不知其緣由。

kuli
板栗（日本栗）

kuli是外來語（日語）。

約在1970年代，政府推動水土保持並在部落推廣板栗種植，一來做水土保持，二來可以食用或作為經濟作物。

種植kuli的山坡地要把樹砍伐、當時是由鄉公所推廣種植的水土保持作物，種植在山坡地，先把樹及雜草砍伐，並在坡地上隔約2、30公分，人工挖掘一道道的山溝，在山溝之間種植，但因價格不好，加上板栗漸漸出現植物病徵，一棵一棵枯死，最後族人只好放棄，這些土地現在大多開闢成茶園或種植其他經濟作物。

現在有族人刻意把以前種的板栗留下來，果實作為副食品，也進行販售。此植物果實成熟時會有小型動物前來覓食。

kupiya
埔姜桑寄生

kupiya是附生植物，其果實具有黏性，略有甜味，鄒族小孩常採來咀嚼，作為口香糖。

鄒族小孩採的kupiya，主要是附生在山茶樹上，鄒族孩童爬樹採其果實，因果實顆粒小，需採一段時間才夠吃，吃夠了才爬下樹來。在部落有兩種，鄒語名稱相同。

kxyxpa
綠藻類

部落河川在乾旱的冬季，水量少，流速也慢，河潭會生長青綠色的kxyxpa，在鄒人認知中，當河中有此植物，表示水量穩定，是可以在河流間從事捕魚蝦的活動，四月雨季來臨，河水量劇增，此時會把這種草沖走，此現象鄒語稱為mateo-kxyxpa，在此季節，河川對鄒族而言又是不同的階段，它意味著捉蝦、毒魚活動不易進行，但此時河川的青苔並未消失，而且水量也不會像颱風季節的洪水，所以仍然可釣魚，此時的釣魚活動，鄒語稱作tomafexsx，意思是「趁河川石頭有青苔的季節釣魚」（基本上鄒人是在颱風之後，河川的青苔完全被沖走，鄒語稱此河川狀況為ngoecxngxcx，此時才會釣魚）；另外，較大河川如楠梓仙溪已不易涉水橫越，如果無法搭木橋，狩獵者就需要調整狩獵區域。

L

lahxmhxma
玉山紫金牛

lahxmhxma的果肉呈紅色，肉質甜甜澀澀的，鳥類喜食之，也是鄒族小孩的零食。

鄒族獵人認知中，野生動物以前不吃紫金牛，但是近年來發現此植物有被動物啃食的情形。

作者2021年9月往楠梓仙溪一帶探查，沿路見到已枯乾的玉山紫金牛樹幹，此植物明顯逐漸消失蹤跡，連獵寮旁的玉山紫金牛也被動物啃食呈現枯竭狀態。

laksu
杜鵑

鄒語laksu原是指山野間的原生杜鵑,現在則是泛指所有的杜鵑。

鄒人以laksu為標地命名,在特富野部落的一處地名為lalaksu,意指「杜鵑花很多的地方」。

獵人認知中,杜鵑樹材堅硬是做陷阱木條的材料,獵人會利用其枝條作為陷阱彈力拉條。今族人種植杜鵑做庭院景觀。

laksu
野牡丹

laksu是製作山芙蓉避邪籤條的植物材料,製作族人表示,水煮染色期間要加入野牡丹枝葉一起煮才能成功染出正確的顏色。Laksu的花朵是鄒族婦女頭部的植物佩飾之一。另,杜鵑花之鄒語名亦為laksu。

langiya
黃荊

鄒族特富野社儀式用潔淨用之植物（達邦社用tubuhu，澤蘭屬），祭屋內一般器物用小舌菊tapanzou清洗，屬男子征戰和狩獵的物品放在tvofsuya武器架上，需用此植物儀式化清洗。鄒人認為，戰神和山神喜歡langiya的氣味。

lauya
楓香

鄒語lauya，泛指各類楓樹，然主要是指楓香。

lalauya是一個地名，指生長很多楓香的地方，今之樂野村；yalauya亦為地名，意即有楓香之地，在特富野社東方。楓香也是狩獵植物之一，其嫩葉是飛鼠喜歡吃的食物，獵人會利用楓香長嫩葉時巡獵獵捕飛鼠。

鄒族領域的楓香，約在1980年代前後，因族人種植香菇而遭大量砍伐，樂野村的楓樹林也因而消失，近年來樂野村以楓樹

為村樹,又開始大量種植,並藉此喚起村民社區認同。

另外,值得探究的是楓樹具有神祕的靈性意涵。諸多民族誌資料記載,hamo天神搖落楓樹,果樹落下成為鄒人及maya人(中央研究院民族學研究所 2001:60;衛惠林等 1951:197)鄒族造人神話中,楓樹成了重要媒介。在一些神話傳說中,楓樹同樣被上神祕色彩,如鄒族meefucu的傳說中(董同龢,1959),有位被擄走的婦女在逃回部落的路途上,拚命地爬上一棵楓樹,摘取楓樹枝葉作為頭飾。佩戴楓樹枝葉,似乎意味著得到保護與庇佑的意涵,另外亦蘊涵了返回部落家園的認同之情。另,2013年4月3日訪問里佳汪添盛長老,指認楓樹為langiya。

mabungeavana
咸豐草、鬼針草

此草常見於部落野地，種子會沾黏在衣服或褲子上，此草係鄒人的醫療植物，族人會取它的嫩葉搓揉然後敷在傷口上可以止血。

今族人有時取mabungeavana水煮服用，據說可以減少疲勞。今部落隨處可見的外來種大花咸豐草也同此名。

maeno
香附子

maeno是指尖的草，鄒語的maeno原意指「尖的」，此草的葉子呈尖銳狀因而命名，maeno多生長在田間，鄒人認為此草不好清除，因為挖了之後反而會擴散，長得更快，所以鄒族農人很討厭此植物。

ma'fx
山胡椒

ma'fx是鄒人傳統的調味料，族人認知上，ma'fx和箭竹筍特別對味，食用箭竹筍少了它就不叫正味。另，族人食野味也喜歡用山胡椒作配料。現今有族人在ma'fx果實成熟期間大量採收裝罐進行販售，銷售成效特好。

maokangangi
鶴頂蘭屬

鄒語maokangangi原意是裝鬼臉。鄒人以此植物樣態來命名頗耐人尋味，族人喜歡將其種植在庭院中。

2013年4月採訪里佳部落老獵人，種在他庭院中的maokangangi正含苞待放。

maolan
紐西蘭麻

紐西蘭麻是多年生的草本植物，其葉子細長如劍，聚集叢生，由於葉子纖維很長，是鄒族麻線與麻繩的重要來源，可織成衣物、籃子或蓆子，鄒人也用來捆綁物品，族人通常種在家屋附近好方便採取。

maozi
孟宗竹

maozi是外來語（日語），孟宗竹是近代才傳入部落的竹類，故沒有鄒族名稱。鄒人挖其筍食用，也用孟宗竹做建屋材料和生活用品。

masxecx
酸藤

鄒語masxecx是指酸酸的，顧名思意便知此植物特性，其葉可食，味酸，南三村地區才看到。masxecx是作者童年時期在上放學路上採來解渴用的最佳聖品。

mateof'uf'u
倒地蜈蚣

倒地蜈蚣之鄒語mateof'uf'u，原意為「喜歡偷窺的花」。

這是鄒族人特殊的命名方式，因為生長在路邊的倒地蜈蚣，它的花朵會朝向道路，由於這個特性而被鄒族人稱為「喜歡偷窺的花」。這是饒富趣味的植物命名方式。

因為mateof'uf'u喜歡偷窺的特性，著裙的部落婦女走在長有mateof'uf'u這種植物的路上，常會不經意用手緊抓著裙襬避免被偷窺。作者兒時走在上放學路上也常有男孩惡作劇故意把女孩的裙子掀起來，嚇得女孩們四處逃竄驚叫連連。

mayxmx
阿里山十大功勞

meoyove
五掌楠

鄒語的mayxmx即「苦味」之意，因其全株都苦，因而得名。大多生長在海拔2,000公尺左右的山林。如果肚子不適、拉肚子，或體力不足時，鄒族人會採mayxmx之根莖，熬煮後飲用其湯汁治療，因其味道甚苦，所以鄒人稱為mayxmx。現在鄒人也將此植物人工種在庭園和農場，作為藥用植物外，也作為庭園景觀植物，當其結果的季節，鳥類喜歡前來覓食。屬鄒族傳統領域特有種植物。

meoyove鄒語原意：仿似楠木。獵人認為動物喜歡吃meoyove果實。

mici
龍葵

micuva
山芹菜

mici生長在田野間,是鄒人日常生活常見的植物。鄒語mici另有想要的意思。

鄒族人常採取鮮嫩枝葉作為食物,有宿醉經驗的人表示,水煮龍葵可以緩解宿醉症狀。

另外,mici果實成熟時呈紫紅色,據說如果水蛭進入鼻腔內,可用其汁液將水蛭驅趕出來。

micuva是外來語(日語)。鄒族傳領的野生菜餚,族人不刻意去種植。現今已有鄒人移植野生micuva種栽種在田間。

moezunge
牛乳榕

果實有甜味，可食，野生動物也吃，特別是松鼠特別喜歡吃。

鄒族有一地名以此樹命名為moezunge，此處在霞山山區為傳統獵場。

moho
水麻

moho有儲水的功能，喜歡生長在陰涼潮濕的山溝，是涵養水源的一種植物。

族人會在水源地種植以涵養水分。水麻會吸引很多野生動物前來覓食，如冬天的時候水鹿會吃它的皮，有果實的時候猴子、山羌會過來吃，所以鄒族獵人只要看到水麻，就會認定這個地區是好的獵區。

另外，有種蝶類的幼蟲鄒語稱pongexngex，專吃水麻的嫩葉，這種蝶類幼蟲數量很多，有條紋顏色非常鮮豔，如果外敵來襲，幼蟲會群體倒吊搖晃身體，整棵水麻也會跟著搖動，敵人自然會被嚇阻，路過的人常會被突如其來的景象嚇到，現在此蟲已不常見。另鄒人認為，此植物容易生長，而且可以蓄養水分，宜種在水源地區，因此只要有水源的地方，鄒族人不會隨意把水麻砍掉。

mongnx-no-hicu
括樓

鄒語mongnx是竹杯；hicu是鬼，mongnx
-no-hicu鄒語原意是「鬼的竹杯」。

此植物的果實呈鮮艷的紅色，看起來鮮艷
多汁，但族人認為有毒性不能吃。

munge
臺灣崖爬藤

此藤的莖雖細小，但細密的藤蔓可以把整
棵樹糾結覆蓋住，小樹容易被此植物覆蓋，
大樹也會慢慢被此植物攀附整株枯死。

naicingili
梧桐

此植物係政府於70年代推廣種植之水土保持兼經濟作物。

這種木材在一般族人的概念中是毫無價值的樹種，它既無法作為建材，木材未完全乾燥的狀態，燃燒時會產生大量的煙，燃燒完後則留下大量的灰，所以族人要燒木材時梧桐樹絕對不是首選材料。

nasi
梨

nasi此語為外來語（日語），鄒族部落原無梨子這類植物，係外來品種，現在所有的梨子均以nasi通稱。

ngei
苧麻

苧麻是鄒族織布的主要材料，鄒族織布稱smoi，傳統織布方法幾已失傳，最近部落有些族人重新學習並傳承此技術。族人先用麻絲揉成麻線，再利用麻線製作獵袋和麻繩用來裝卸物品、獵物或捆綁東西，在塑膠製品未普遍時，族人住屋附近都會種植這種植物，而且獵人都要學會製作苧麻繩的技巧，從種植、砍伐、泡水之製作過程，接著搓繩、徒手編成可用的繩索，此工作鄒語稱bi-teesi，這一系列技術都是鄒族獵人要學會的基本技藝，而且大多數的鄒族獵人也要會用苧麻繩編製大型獵袋（鄒語稱kexpx-no-axlx）以及

小型獵袋（鄒語稱kexpx-no-etuha）。

傳統鄒族家庭都需要種植一些苧麻，因為麻線是鄒人生活中常用的用品，例如，織布及各類手工藝材料，很多地方缺不了麻線。採麻製成麻絲，得靠專業知識和經驗才能完成。每年三、四月可種植，長果實的時候採收最好，落葉時採收比較堅硬，刮皮不易。部落的苧麻有兩種，一種比較高大，一種比較低小，但都好栽培，繁衍容易。

製作苧麻繩是男性的工作，也是鄒族獵人的基本技巧。從種植、砍伐、刮皮、沖水，接著是用雙手在大腿上搓繩，鄒語稱bi-teesi，完成之後才能擁有粗細不同的麻繩可用，有時為了讓麻繩更加緊實強固，獵人會在麻繩塗抹蒼蠅蜂的蜂膠，這種蜂鄒語稱zuu。

除了一般生活利用之外，苧麻也涉及靈性場域。鄒人傳說認為是雷神akˊe-ngxca教授族人紡織技術（衛惠林等 1951：72）。祭儀、出草及狩獵期間禁止觸摸生麻（中央研究院民族學研究所 2001：69，83）。2017年作者採訪鄒族長老，認為鄒族巫師可用苧麻做esuhcu延長生命的儀式，因為苧麻是神靈眼中的絕佳禮物。

ngei-no-hicu
山苧麻

鄒語ngei-no-hicu原意：鬼的苧麻。

族人認為此種苧麻的纖維不硬，無法做織布的材料；有一種也稱為ngei-no-hicu的土蜂，喜歡採此植物的葉子做窩，因而命名。

ngutu
箭竹

此箭竹莖幹比較細長，鄒人利用此竹製作箭，因竹筍細小，鄒人不刻意去採食。

niki
肉桂

外來語：日語。

鄒人採其樹皮當作小孩零食，其味道略有甜味和辛辣味。

niumo/zumo
冷清草

niumo泛指冷青草。特富野語稱zumo。

野生動物喜歡吃其莖葉，在鄒族傳統獵場上生長的冷青草近年來被野生動物啃食的狀況嚴重，有些場域甚至被啃食殆盡，林下原本茂密的青草逐漸消失。

另族人認知上有稱作niumo-no-fuhngoya的植物，fuhngoya是指紅色的，鄒語原意：紅色的niumo，鄒人從此植物外形顏色另予以區分命名。

nockx-fuicxza
稜果榕

稜果榕鄒語稱作nockx-fuicxza，fuicxza是白色之意；nockx-fuicxza鄒語原意為「白色的榕樹」。另fuicxza是特富野調；達邦調稱作fuicxia。

此樹的果實是野生動物喜歡吃的食物，尤以白鼻心最喜歡吃。

鄒人認知中，這種榕樹會長得比較高。

nockx-kua'onga
水同木，牛乳樹

水同木鄒語稱nockx-kua'onga，鄒語原意為「黑色的牛乳樹」。

與nockx-fuicxza/fuicxia（稜果榕）一樣，其成熟的果實是野生動物喜歡吃的食物。

山美部落有一地名以此樹為地名。

nonafonku
紫花藿香薊

nonapsi/nanapsi
雞屎藤

鄒語nafonku是指有腐臭味，nonafonku原意為容易發臭味的草。

這種草的味道奇特，幾乎沒有動物會吃其莖葉。

nanapsi為蔓生植物，可以含在嘴內 (betel)，屬蒟醬類。

有鄒人表示nonapsi的果實可以食用。

此植物的藤蔓在鄒族傳統醫療捉牙蟲儀式中用來綁縛peosx／破布烏葉片用。

nxyo
矛瓜

約秋季成熟，果實紅色，是鄒人的零食。具甜味。

此植物常會與mongnx-no-hicu（括樓）混淆，鄒人自小就會學習如何分辨才不會有誤食的情事。

oanx-feoc'u
柚葉藤

鄒語oanx是食物，feoc'u是五色鳥，oanx-feoc'u鄒語原意是指五色鳥的食物。

此植物為附生在樹幹上的蔓藤植物，據族人說五色鳥特別喜歡吃；另，oan-feoc'u這植物是狩獵用植物，鄒人會取此藤製作陷阱sofsuya（機關獵的一種，看起來就像弓箭）的材料，因此藤不易枯朽腐蝕，顏色較持續不變，用此藤橫拉在獸徑上，作為引動扣環關鍵的繩索，屬特殊的狩獵植物。

'oanx-yoi
糯米團

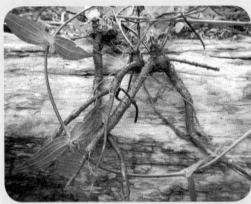

'ocia
茶樹

糯米團的鄒語稱'oanx-yoi，'oanx指食物，yoi是指蟲，'oanx-yoi是「蟲吃的草」之意，這種植物的確是小蟲喜歡吃的。

糯米團是鄒族生活田野間常見的植物，也是鄒人的醫療用植物之一；鄒人如果長了瘡，這種瘡鄒語稱作pningsi，會找糯米團挖掘其根部搗碎，敷在長瘡的地方，另外一個用途是當作可食用的山藥。

'ocia是外來語：日語。

20世紀末，阿里山原住民族部落，也開始在原本種植小米、旱稻或造林的山坡地上，用怪手開闢了一片又一片的茶園，轉型學習茶農事業。

茶事業需要注入大量金錢人力，今鄒人持續種植並經營茶葉事業維生的人口並不多。

o'husu
山黃梔

鄒人認為此植物具有特殊香氣，常種在庭院，山梔子也是族人利用的染色植物，顏色呈淡黃。

o'husu-no-hcuhuyu
大頭茶

o'husu-no-hcuhuyu指山林裡的梔子樹，族人認為開的花漂亮。

otofnana
毒魚藤（臺灣魚藤）

鄒族傳統毒魚稱為otfo，方式是挖掘otofnana的根將其打碎浸入水中，毒汁流入溪河造成魚類暫時性昏迷，如果放太多毒性太強也會造成魚類死亡，故毒藤用量需要有經驗者來判別。

鄒人認為所有的山川資源都是土地神掌管的，因此在毒魚之前會做儀式向土地神祈求平安，希望土地神能夠恩准族人獲取這條河裡的資源。這個毒魚儀式需在搗碎毒魚藤之前進行，參與的人以男性為主，儀式前參加者分別站在河的兩旁，祈福小米酒和糯米糕放在石頭上，由一位長老唸禱詞，接著長老會模擬自己是一條魚，一絲不掛下水游泳到對岸，再以仰泳的姿勢游回來象徵鯝魚在毒魚時翻白肚的模樣，同時，在兩旁參與的人要做撈網的動作，過程中不許嘻笑。儀式結束，參與的人就開始搗碎毒魚藤進行毒魚。如果參與捕魚的人當中有女性，儀式過程中需迴避，因為有女性在場則對土地神不尊敬，等儀式結束才可以回來參與毒魚的活動。

作者小時候挖過毒藤並實際毒過魚，父親交待要挖寬葉的毒藤比較好用。

otofnana-no-c'oeha

巴豆

鄒語otofnana-no-c'oeha原意
為「河的毒魚藤」，otofnana
是毒魚藤，c'oeha指的是河
流，此植物命名為otofnana-
no-c'oeha。

此植物為木本，鄒人會取其果
實放入河水進行毒魚。

otofnana-no-'cu
百部

鄒語原意：頭蝨的毒藤。
'cu是指頭蝨，不知其用途。

otofnana-no-hxx
鹿谷秋海棠

鄒語hxx指螞蝗，otofnana
是毒魚藤，otofnana-no-hxx
鄒語原意為螞蝗的毒藤。另
有二種植物otofnana-no-hxx
（巒大秋海棠）、otofnana-
no-hxx（臺灣臺灣秋海棠）
都稱作螞蝗的毒藤。

鄒族獵人常採其葉子揉碎敷
貼腳部，據說可以防止螞蝗
叮咬。

otu
青剛櫟

out是鄒族傳統獵場—霞山山脈重要狩獵植物之一，otu與其它殼斗科植物同樣是鄒族獵場中常見的植物，其嫩芽、果實都是野生動物喜歡吃的食物，獵人認知，otu開花與果實成熟期是前往巡獵的好時機。

現今族人也會栽種otu在自家庭院中或田農間作景觀植物或誘引動物覓食。

'otx
火管竹

'otx的竹節比較長，鄒人常用來編製竹簍或竹盤。現在這種竹子已相當少見，而且也容易與其他綠竹混淆，有的族人認為應該再種一些，一來作為竹編材料，二來也可以當作景觀植物。

'otx是鄒族製作鼻笛的主要材料，但製作與吹奏技藝已失傳，有族人試圖再找回製作與吹奏的技術。鄒族有一地名稱為'oe'otx，原意是指「很多臺灣原生綠竹的地方」，此地在特富野社北方臨近巴沙娜，但此竹子也大多被砍伐殆盡。

• uongx'e yasiyungx吹奏鼻笛（照片來源：黑澤隆朝，《台湾高砂族の音楽》）

oyu-cohxmx
綠竹

鄒語oyu是此竹類總稱。cohxmx是甜的意思，oyu-cohxmx原意是指帶有甜味的竹子。鄒人種此竹子，採其筍食用。

鄒人也將綠竹當作醫療植物，人發燒或長水痘的時候，採綠竹的嫩枝切片，加上白茅veiyo的嫩芽或根部，熬煮之後服用其湯水，此醫療功能已被現代醫術取代。

另外鄒人喜歡用綠竹做酒筒pupunga，放入米酒火烤溫酒，此酒具有綠竹的甜味和香氣，鄒族長者喜歡此酒味，一竹筒的米酒可以讓幾個長老圍坐在火塘邊聊天、吟誦古謠到天亮。

oyu-cxcxmx
刺竹

刺竹也是鄒族部落常見的竹類，主要用於製作狩獵器具的材料。

因具有極佳的彈性，主要拿來製作強而有力的弓，所以鄒人在部落周邊都會種植刺竹，以便製作弓時取材上方便。其竹筍有苦澀味族人不食，但會吸引動物過來覓食，山豬會吃其筍。

鄒人認知中，此竹的彈力好，所以會利用此竹子製作弓，據說採取長成的刺竹，直接剖一半就可以製作強有力的弓，此弓的鄒語稱fsu-no-axlx，原意是「真正的弓」，可射大型動物，是鄒族獵人使用的弓，有別於小孩所使用的小弓，適用於小孩的弓鄒語稱pobakx，此弓較小，小孩用來打小鳥或玩耍用。

pai-axlx
陸稻、旱稻

鄒人稱稻為pai；pai指所有的稻類。

pai有糯米和粳米兩類，傳統鄒族在坡地上種植的旱稻為糯米種，鄒語稱為pai-axlx，意思是「正宗的米、真正的米」，從此描述可知旱稻在鄒族食物中的重要角色，另外也稱為pai-yam'um'a，鄒語原意是「有毛的稻穀」，這是描述旱稻的外形。

粳米的品種有二，一為pai-svoyx「非糯米」和pai-namusngu「香米」，namusngu是香味，現今有部落族人努力做復育的工作。

旱稻要種在地勢比較平緩的肥沃田地上，種旱稻之事，鄒語稱為meosngusngu，旱稻與小米同樣是鄒族重要的傳統主食，可作成米飯、糯米糕，也可以釀成糯米酒。

鄒族也有ba'e-pai「稻子女神」的信仰，同樣有祭拜稻神的儀式，但比起小米祭系列儀式，則相對簡略。

水稻引進部落的時間較晚，日人統治臺灣也曾推廣定耕農業，鼓勵種植水稻，但鄒族開始大量種植水稻，是從1960年代前後，那時國民政府劃定土地所有權，定耕政策讓原住民族無法再從事傳統輪耕的農作型態，也就是說傳統的小米、旱稻等旱地作物無法維持，只好放棄種小米，改以水稻定耕的方式生產主食，但也迫使鄒人在山坡間開闢梯田種水稻，與傳統種稻方式有別。

鄒族有關稻米的來源，源於從地底下取稻米種的神話。從前，有人挖薯蕷（山藥），愈挖愈深，發現地中有個大洞，此人從洞口看下去，地底裡竟然還有另一個世界，他放下梯子，沿而下，看到那裡的人在煮米，但不吃米飯，只是吸煮米飯的水氣，他吃了米飯覺得好吃，就自地底下取了稻種，拿回來交給族人種植，從此鄒人才吃到米飯。

pa'ici
山苦瓜

鄒族部落土生苦瓜，果實小，味道極苦，此品種已較少見，現在市面上的苦瓜，苦味沒那麼重，族人認為還是原生的苦瓜比較好吃。

pai-hicu
臺灣野稗

鄒語的pai是稻米的總稱，hicu是指神靈或鬼魅的意思，pai-hicu的原意是「鬼魅之稻」，此植物之形狀極似一般的稻子，但其稻穗並不能食用，如果它與稻子長在一起同時生長，不易分辨，也會影響稻子的正常生長，鄒人也許討厭此植物的特性，所以就以「鬼魅」名之。鄒人種水稻時，野稗也會長在稻田裡，跟稻子一起長，經常比稻子長得快又高，需拔除，而且要在其種子成熟之前拔除，以免其散播，但拔除時有時連稻子也會跟著拔除，鄒人不喜歡此植物。

pasx
箭竹

pasx泛指箭竹，鄒人為能清楚辨識箭竹類的利用，依其特性又分為幾個名稱。如pasx-axlx是鄒族傳統食物，係箭竹筍之正味，鄒人因其莖幹較粗，好吃又有廣泛的用途，因而稱pasx-axlx，意即「真正的、正宗的箭竹」。

箭竹pasx-axlx約五月左右長出竹筍，可以生吃，也可以火烤或油炒，另外也可以直接水煮，吃的時候用力擠出筍心，可吃出箭筍原味；鄒人常用山楜椒ma'fx加味食用，這種吃法是族人的正味。

箭竹也是鄒族人製作器具的重要材料，獵具與農具均廣泛使用材料。如箭、鳥踏陷阱用之sikotva、獵捕大型動物陷阱用之sikotva、釣竿都可用箭竹製作，採愛玉子的長杆也用箭竹；另，小米收穫祭主祭者初收小米儀式時拄著特別的木杖（s'ofx），有的是用pasx製作的，現今達邦、特富野兩社在祭儀中已不復見。

另外，在獵山豬的陷阱獵當中，可以用箭竹製作機關陷阱，做法是將約十根左右的箭竹削成銳利狀，直立在山豬出沒之處，再設置另一機關，如果山豬觸動此一機關，將會產生巨大聲響，山豬將驚嚇逃跑，就直衝至放置銳利pasx陷阱處，遭銳利的箭竹刺死。這種陷阱需要特殊的地形，而且獵人要能熟悉山豬驚嚇逃跑的方向，才能順利獵獲，此狩獵方式鄒語稱seohmova。

另有一種箭竹稱作pasx-no-svatanx，長出來的箭竹筍外表光滑無毛，可以吃，里佳族人指出，此植物只在里佳的c'oc'osx才有。

現今鄒族部落附近山林的箭竹林，大多因為要開發成茶園或農園而廢除，因而要吃到箭竹筍的機會較少。

paskosa
箭竹

paskosa也是箭竹類，常見於鄒族部落的箭竹類，比pasx細一點，分布在較低海拔區域，長筍時間比pasx早；有族人表示，paskosa的口感比pasx-axlx要差一點。

pcoknx
麻竹

鄒族部落隨處可見麻竹，是鄒族自1950年代前後開始大量種植的經濟作物，幾乎每一家都會在比較陡不能開闢梯田的山林間種植，所以現在約四、五十歲的族人應該都有種植麻竹、採麻竹筍的經驗，採麻竹筍大約在每年的七月到九月之間，所以就算在學校讀書的部落孩子，也都會有機會參與採筍的工作，採筍工作包括砍草修路、採筍、背筍子到筍寮、煮筍、再將煮好的筍子存放在大型的竹筐內，最後筍季結束後，從竹筐內取出筍子，有的直接賣給筍商，有的先曬成筍乾之後才販售，這幾個工作步驟，背筍子應是最累人的工作，因為竹背簍的筍子重量，起碼在70公斤上下，背在頭上走在山林小徑，是很沈重的負擔，所以採過麻竹筍的都認為那是很累人的工作，但為了掙錢，家家戶戶都花許多苦力去採筍。

麻竹筍是鄒族部落早期的主力經濟作物，麻竹的多寡幾乎成了衡量家庭財富的指標，特別是較低海拔的山美、新美以及茶山等村落，麻竹長得比較好，收成數量也多，北村的族人會說：「很羨慕那地區的麻竹和稻米」，但是現在麻竹筍的價格不好，採筍的族人也不多，所以有的砍伐改種別的經濟作物，或者任其在野地生長。

鄒人也用麻竹做建材，可以蓋屋頂及屋牆，可以用麻竹做生活器具，如做竹桶提水，做飯匙，做竹杯、竹碗，也可以將魚類放在竹筒內烤熟後保存；竹籤可以盛食物，如糯米糕。

pcoknx 也可以作地標，如阿里山樂野村有一地名稱 pcopcoknx，原意是指「很多麻竹的地方」。

pcxx
臺灣何首烏

鄒人將此植物葉子與楓香葉子搗碎敷貼於傷處。

pcxx（koapeuhu）

臺灣欒樹

傳統上鄒人在進行擇地及開墾工作時會依據臺灣欒樹（鄒語稱pcxx）的生長樣態，特別是開花的過程來判斷，所以鄒人也稱evi-no-mo'tox，意即「農作之樹」，小米歲時祭儀反應鄒族人一年的生活樣貌，而臺灣欒樹則有大地時鐘的概念。

在海拔1、2,000公尺鄒族部落的山野間，臺灣欒樹是隨處可見的長年生喬木，在山野間不是什麼奇特的樹種，但它四季分明的生長樣態以及鮮豔的花朵，就成了鄒人作為農作時間的重要依據。

臺灣欒樹的花，基本上先是黃色，再來是朱紅，最後會變為咖啡色。當鄒人看到欒木開了黃花，就應該完成小米田的擇地儀式，這個儀式需要以夢占方式舉行，夢吉則決定小米開墾地，夢不吉就再持續做擇地儀式。

一段時間之後，當花色變為朱紅，族人即應開始做小米田的開墾工作，這時鄒人必須進行刀耕火墾方式整備耕作區，再等一段時間，將小米田整理乾淨，接著就準備播種小米，這些工作，要在咖啡色的欒樹花出現之前完成，此時為年終季節，接下來就要等待小米播種。

小米播種，是部落大事，所以必然以神聖儀式拉開序幕。小米播種祭由頭目及部落長老決定時間，部落各家族即配合進行儀式，結束才正式開始正常的農作活動，這應該是年初。接下來，就依小米生長狀況舉行各類小米祭儀式，直到小米收成再舉行全部落重要的慶豐收儀式以及小米收藏祭。在系列農耕以及儀式化的過程中，族人又循環地走過了一個年頭。

因而，鄒人的時間感是跟著天地萬物，跟著欒木花，又跟著小米一起循環的，成為圓形舞圈而非線性時間的概念。

傳統鄒人計算時間，常以「我住在這裡已經看過十次的花開」、「我嫁到此家已經參加過十二次的小米祭」、「我在此田地已經收了三次小米」……。鄒人時間感，不是切割的數字概念或數學公式，而是在描述人與自然、人與土地、人與農作的經驗知識，所以，它是圓的，是物我一體的概念。

此一時間概念推演到整個部落，就整合成了部落集體記憶，也就是部落歷史。鄒人沒有文字，沒有書寫的歷史，於是部落歷史是人們工作經驗、知識與記憶的積累，部落歷史也成了口傳歷史。在鄒語中，ehohamo意指「關於天神的敘事」，其實它真正的意義是在描述部落的歷史，從天神造人、洪神年代、氏族遷移、建立部落、農耕狩獵、祭儀狩獵、禁忌規範，當然也包括保護部落的獵首活動，鄒人認為，有知識的人是指「擅長天神敘事的人」，鄒語稱meemealx ehohamo，意即這個人了解鄒族部落的源起、遷移、建立以及各類部落社會文化知識，這樣的人可以得到尊榮地位。

換言之，部落歷史同樣不是線性數字概念，部落歷史是長者知識與智慧的積累淬煉，它已化為活生生的神話、傳說、故事、知識、諺語、習俗、禁忌、規範等，它也化為圓形的文化網，密密穿織著鄒人的歷史感，供人安身立命。

• 刀耕火墾

總之，鄒人的時間感，是在物我合一、歸根循環又根植部落生活的圓形宇宙觀，深刻理解部落歷史的人，不只是部落知識的擁有者與傳承者，更是鄒族社會文化、信仰與價值的定海神針。

現今族人會在庭院栽植臺灣欒木作景觀植物，公部門也常以此植物栽植在公路兩側，增添軟性觀感。

peosx
破布鳥

喬木類植物，野生動物喜歡吃其果實。

鄒族曾盛行一時的民俗醫療捉牙蟲儀式，要使用破布鳥（peosx）、雞屎藤（nonapsi）和華九頭獅子草（sfuyu）三種植物。

捉牙蟲儀式進行之前要依序將破布鳥、華九頭獅子草交夾包覆後以雞屎藤綁縛固定，將包裹完成的植物草藥置入器皿中以滾燙的開水灌注，被治療者將頭部托在器皿口部併同器皿以黑布覆蓋著，等開水灌入時張口用力吸入升起的熱蒸氣，據說儀式進行時必須在隱密的場所才有效，而且儀式完成後會發現白色的牙蟲。

peosu-no-'o'okosi
厚殼樹

獵人認知上，此植物野生動物喜歡吃其果實，樹材堅硬可作柱子。

pexs'x
酢醬草

此種草（pexs'x）在田間隨處可見，鄒人不食用，奇妙之處在於此植物的咒術性，這是巫師幫無法懷孕的族人施法求子所使用的植物，巫師表示，這種植物成熟的果實會跳起來，如果是用這種植物施法懷孕，生下來的孩子脾氣會比較暴躁易怒，如同這種植物的果實，一碰就跳開。

piho
咬人貓

· 雄

· 雌

此植物喜歡生長在陰暗潮濕的地方，葉背長刺，走在山路中如果不小心碰觸咬人貓，皮膚會有刺痛酸麻的感覺，嚴重者會出現紅腫或過敏現象；碰觸咬人貓時如及時取得姑婆芋，將葉柄切斷並用汁液擦拭，刺痛感會有減緩的效果。

有鄒人認為被咬人貓咬到時，毋須找姑婆芋止痛，讓它自然消痛即可，而且並不是有咬人貓的地方都可以找得到姑婆芋。

鄒人認知當中，咬人貓可分雄、雌性，雄性咬人貓鄒語稱作piho-no-hahocngx。雄性咬人貓長得比較高大粗壯，葉子呈鋸齒狀；雌性咬人貓的葉緣也呈鋸斷狀但整片葉子比較圓，被雄性咬人貓咬到會比較痛。

鄒族許多獵人都知道長鬃山羊喜歡啃食咬人貓，在獵徑上經常發現被山羊吃掉葉子只剩莖幹的咬人貓，頗驚奇山羊的啃食能耐。

piipika
菁芳草、
對葉蓮（荷蘭豆草）

在部落田野或庭院常見的野草，整株青綠
的顏色，但成熟的果實粘黏性很強，過去
鄒人利用此草作醫療，將此草以火烤熱包
在布內，然後包裹在頸部，可以治療喉嚨
不適。

這種草雞不吃；另外鄒人認為這種草不能
餵食兔子。

現今有族人會刻意種植在庭院中作草皮。

pohe
玉米

pohe是玉米的總稱。

鄒人種植玉米作為雜糧或餵食牲畜，現在
仍是族人常種植的食用植物，但數量不
多，1980年代前後也曾大量種植作為經
濟作物。

當代鄒族種植玉米，就會引來猴子、松鼠
前來覓食，鄒獵人會在此耕地巡獵。

pohe-txta
白薏仁、薏苡

pop'o
通條木

鄒族傳統雜糧。

成熟季節會引keakea鳥前來覓食。

傳統婦女會收集大小相同的乾薏苡仁，再用麻線一顆顆串接起來作成等圈不同的項鍊，參與重要祭儀活動如mayasvi、homeyaya時穿戴起來，把自己妝扮得美美的。

鄒人會用細圓木把通條木的心推擠出來，木心呈白色長條狀，可作為玩具，此動作鄒語稱zo- po'p'o；另鄒人也將此木心作為插針的用具。

popsusa
屏東木薑子

此植物是鄒人作為鑽木取火用的樹種，族人外出打獵會將此木條放在皮袋內，掛在身上備用，後來此皮袋就稱為popsusa，意即「火器袋」，鄒族獵人都會有一個火器袋。由於火對族人而言有其神聖性，認為它有超自然的神祕力量，所以火器袋也具有特殊的宗教意義，例如，族人要出征或狩獵，一定得攜帶火器袋，或在出征前利用火器袋的器物施行占卜儀式，返回部落後要把火器袋放入男子會所的敵首籠內。現今族人將火器袋製作成精緻小巧的飾物，佩飾在胸前，也作為文化認同的標誌，今天族人提起popsusa，反而對此植物陌生，熟悉的反而是胸前的飾物。

potx
密毛小毛蕨

鄒人認知，此植物擴張得很快，不易移除。

pouya
聖誕紅

部落外來引進之景觀植物，在庭院及部落道路隨處可見。鄒族人會用其紅花作為頭飾。

ptiveu
高山芒

pusiahx
南瓜

此茅草比五節芒多毛，是族人辨認的方式；鄒人認為如果附近沒有五節芒，就會利用這種茅草搭蓋工寮或獵寮的屋頂，但因其質地比五節芒軟，較容易折斷，所以不會用來蓋家屋或男子會所。

南瓜是鄒族的雜糧之一，過去會種在小米田或住家附近。現在仍少量種植，烹調方法也多元精緻。

今鄒人食用的南瓜品種增加，調理方式也多樣。

S

saitungu
木瓜

木瓜的鄒語唸作saitungu，它另有一個唸法mo'ka，與河洛話的發音很相似。

據老人的記憶，以前種的木瓜長得很高，枝幹多分出，果實不大，和現在看到的品種不同。鄒人除吃成熟的木瓜，也拿青木瓜煮成菜餚。

部分有種植經驗的鄒人認為，隨意種植幾棵木瓜都長得很好，但種多了就會有病長不好。

另，鄒族人認為木瓜有分公的、母的，公木瓜的花序比較長但不會結果，所以會把木瓜莖幹用刀子劃一刀夾入石頭或木片使之順利結果。

成熟的木瓜常引起鳥類爭食，尤其五色鳥、紅嘴黑鵯很喜歡吃，松鼠等動物也會前來覓食。

· 公木瓜

samaka
苦苣菜、山鵝子菜

苦苣菜，鄒語稱samaka，samaka是此植物總稱。苦苣菜可吃可做藥，部落田野間很常見。

原本傳統鄒人不吃此植物，而是採來餵食家禽，而今習得食用的方式後部分族人會取來作菜餚。

鄒人依此植物生長特徵及樣貌又分成幾個不同的稱呼，例如：

> samaka-no-yu'vavhongx 原意是「細小的苦菜」；yu'vavhongx 是指細細的意思，指出此植物的樣態。

> samaka-no-faaf'ohx 原意為「寬葉子的苦菜」；faaf'ohx 意思是寬葉子的。

> samaka-no-spispi 原意是「洞縫間的苦菜」；spispi 是指縫隙間，此植物喜歡生長的地方在洞間或縫隙間。

> samaka-no-tanpu 原意是「挑夫的苦菜」；鄒語 tanpu 是挑夫，可推測此植物非本地原生植物，是跟著挑夫進入部落的外來植物。

苦苣菜最奇妙的用途在可以用於巫術行為上，為促使家裡始終沒有生蛋的雞交配生出蛋，可用苦苣菜在公雞身上拍打五次，口中同時輕唸coekeasu（鄒語原意為：風流一點吧！）五次，儀式進行時主其事者不能笑出來，否則儀式無效。據說行此儀式之後，公雞就會勤於找母雞交配並生出蛋來；此儀式毋需要巫師施法，常人即可進行。筆者採訪實際做過這儀式的族人，族人表示說真的有效！

sampieingi
蘭花

鄒語sampieingi為蘭花之總稱。

原生蘭花常附生在樹幹上或風倒木上,當部落引進外來種的蘭花之後,就稱野生原生種的蘭花為sampieingi-no-nghou,鄒語原意是指「猴子的蘭花」。

sango
粉薯

鄒語sango又稱作hunci,此語音接近河洛話之粉薯;所以hunci應是轉譯自河洛話。

鄒人挖其塊根作為食物,塊根呈白色,具有黏性,可火烤或水煮。目前有族人種植製成薯粉販售。

樂野村有個地名稱sasango,意思是「粉薯很多的地方」。另有一種箭竹名亦為sango,此竹子比一般常見的箭竹細。

sapiei-no-fo'kunge
車前草

sayao
荖葉、蒟醬

鄒語sapiei是指鞋子，fo'kunge蟾蜍；鄒語sapiei-no-fo'kunge原意為蟾蜍的鞋子。為何取這個有趣的名字已不可考。

族人認為車前草是藥草。

sayao的葉子可用於包裹檳榔。鄒人不食檳榔，與漢人接觸後鄒人開始吃檳榔，也開種植檳榔和荖葉。

sayao-no-fuengu
風藤

sazanka
苦茶樹

鄒語sayao-no-fuengu原意「山上的荖葉」，fuengx是指山上。

此植物會攀附在林木上，葉形與荖葉相仿，族人不食。

苦茶樹另稱team'hoe，帶有河洛話點火的語調。

約1950年前後鄒人種植苦茶樹，南三村山美、新美、茶山為大宗，此作物仍持續生產成為族人重要的經濟作物，特別一提的是新美部落為營造特色產業成立苦茶油產銷班，每年定期舉辦苦茶油節活動。

苦茶販售的方式主要有兩種，其一是將苦茶子榨成苦茶油，另，採拾苦茶子曬乾後直接販售。

苦茶樹的果實，松鼠、老鼠和狐狸都喜歡吃，有族人表示現在連山羌也會來覓食；

有些果實成長期間會長出像花朵般的變異果，鄒語稱fxc'x，是鄒童的零食。

苦茶樹的樹幹堅硬夠韌，鄒人常用來做鋤頭、鐮刀等農耕工具之把柄。

sebunuku
火炭母

此植物的葉子及果實可食，鄒人又此稱植物為masxecx，意指「酸味的」，鄒人以此植物之枝葉味酸命名之。野生動物會吃其枝葉。

seepi
天門冬

天門冬是部落山林間隨處可見的植物，在1970年到1980年之間，很多族人挖掘其塊根，水煮後剝除外皮，然後曬乾，即可販賣。

天門冬是鄒族從傳統採集農業轉形成種植經濟作物的代表性植物，今已無商家收購，現已沒有什麼經濟價值，故沒有族人再採收。

seoecu

鬼櫟

seoecu是鄒族傳統獵區常見的殼斗科植物,霞山山脈的主要狩獵植物之一。

seoecu與其它殼斗科併存於山林中,獵場上的動物就更多樣,當季若風調雨順開盛花結實纍纍,就會引大量野生動物來覓食,如飛鼠、水鹿、山羊、山羌、山豬等,獵人認知此時就是狩獵的最好時機。

seongx
松樹

鄒族獵人外出打獵，如果野地潮溼不易生火，常以松樹木屑作為火種，點燃後就能順利生火，族人會把一塊乾的松樹放進獵袋備用。鄒族地名seoseongx，意即很多松樹之地；今阿里山地區，鄒人稱psoseongana，指很多取火用之松樹的地方。

se'si'i
石松

森林內的蕨類植物，獵人喜歡採取作為皮帽上的裝飾物。

sfuyu
華九頭獅子草

族人用此植物與破布烏的葉子五片，疊合後用放雞屎藤綁起來放入在熱水裡，用其蒸氣燻蛀牙，此治療方式只能在黑夜施行，白天無效，族人說，結束後可以在葉片上看到白色的牙蟲。

阿里山鄉新美國小2003年以此實驗參加科展，榮獲全國科展第一名。

siso
紫蘇

外來語：日語。現族人會利用紫蘇作菜餚，或醃製梅子。

skikiya
愛玉子

鄒族傳統領域愛玉子甚多,是野生動物的食物。

愛玉子成為市場商品,林務局標售原始森林地區的愛玉子,族人擔任採愛玉子工人,這些工作相當艱苦,而且因為需要攀附在沒有安全措施的樹幹上作業,危險性也相當高;有族人自喻從事高空作業員工作,指的就是攀樹採愛玉子。

目前族人已在保留地作愛玉子人工栽培,會先種植赤楊木、破布子以及其他原生樹種,或立水泥柱讓愛玉子攀爬,成為重要經濟作物;達邦村為了行銷愛玉子,近年辦理「愛玉季」活動。

愛玉子的品質須從果膠是否正常洗出果凍來判別,如果是不好的愛玉子,鄒語稱作 skikiya-no-kuzo。

kuzo是不好的,skikiya-no-kuzo指出是不好的愛玉子亦或公的愛玉子,這種愛玉子的果實沒有果膠,無法洗出愛玉凍,所以族人稱為不好的愛玉子;又不能生出正常的果實,所以也有族人說這是「公的愛玉子」。

smismi
臺灣烏心石

此植物木質堅硬，可作為建築及工藝材料，另其果實是野生動物的食物。

此樹枯倒後，木心不易腐壞，族人稱此木心為toaesxisx，是作為樑柱的好材料，當今的男子會所主要柱子，即使用烏心石木心，另外也常被族人取來製作木臼和木杵。

特富野社有地名稱為smismiyana，鄒語原意是指「烏心石很多的地方」。

smismi-zomx
杜英

soosizu
相思樹

・正值開花的相思樹林

zomx指鳥類， smismi-zomx指鳥類的烏心石。

此植物生長在荒野山林間，獵人認知上smismi-zomx的果實是鳥類的最愛，秋冬季葉子逐漸轉紅並掉落地上，現有部落為營造社區會挑smismi-zomx栽植美化景觀。

soosizu是外來語：日語。

soosizu是日本統治時期推廣種植的柴薪植物，部落有幾處的山林長滿相思樹，它的樹幹是上等的柴火，今族人常用來烤肉。

sosfu
臭辣樹

鄒人認為sosfu這種樹搖動時會散發刺鼻臭腥味。

spi
颱風草

族人認為可以參考
颱風草葉脈上的折
痕去推測當季颱風
的數量。

suai
芒果

suai應譯自外來語（河洛話）。

鄒人將所有芒果均稱suai。此鄒語應是源譯自閩南語，指的是土芒果，可以得知此果樹是自平地引進部落的鄰族植物，鄒人並不把芒果當作經濟作物而大量種植，僅作零食用。

山美有一地名稱susuai，鄒語原意是指「芒果很多的地方」。今部分鄒人種植芒果作為經濟作物。

suba
芭蕉

suba是芭蕉的總稱。

芭蕉是鄒人常吃的食物，可做香蕉糕，鄒語稱poa-cnxmx。

鄒族有一浦氏poiconx起源神話，故事情節和芭蕉有關，可參考學者浦忠成（1993）所著之《臺灣鄒族的風土神話》一書所載。

鄒人依據芭蕉的生長樣態給予不同的稱呼，如下：

> suba-bohfoyo 鄒語原意是「長得斜斜的芭蕉」，bohfoyo 意指長成斜的，鄒人認為這種芭蕉生長的方向通常是往斜的方向，故以此命名。

> suba-efuu 原意「果實粉粉的芭蕉」，efuu 意指粉粉的，鄒人認為這種芭蕉吃起來口感QQ的以此命名。

> suba-masuecu 鄒語原意指出「果實酸澀的芭蕉」，masuecu 是酸的意思，這種芭蕉口感帶有酸味不太好吃，鄒人用 suba-masuecu 來命名。

sxvex
茄苳樹

在鄒人觀念中，茄苳樹是屬於水源地區具涵養水分的樹種，族人常會種植在水源區域，因著潮濕的生長環境，粗大的茄苳樹林，總會有較為陰森的氣氛。其實，茄苳樹林一點也不寂靜，因為果實就是多種野生動物的食物，特別是猴子、松鼠、鼯鼠、狸以及各種野鳥，特別喜歡前來覓食，秋冬季節，茄苳樹林是誘引野生動物，所以鄒人心目中的好獵區。有地名稱sxsxvex以及sxvexana、yaasxvexa，均用茄苳樹來命名。

值得進一步了解的是茄苳樹在鄒族觀念中是充滿神祕與靈性的植物。日人學者即

採錄到這樣的神話，「在搖落楓樹創造鄒人之後，接著hamo天神搖落茄苳樹，葉子落下成為漢人」（中央研究院民族學研究所 2001：60）。茄苳與楓樹都是天神藉以創造人類的物種。鄒人相信，神靈喜歡停駐茄苳樹作為暫時的居所，鄒語稱emoo-no-hicu，原意是指「神靈的家屋」，也許因為老茄苳樹的樹形曲折，樹林茂密，感覺起來有些陰森詭異的氣氛，據說，有的老茄苳樹還能聽見樹裡面發出類似人類的講話聲，所以大人會禁止孩子在老茄苳樹附近喜鬧或丟擲石塊。

作者採訪巫師，特別詢問神靈會喜歡停駐在什麼樣的樹種，他表示不是任何的赤榕樹均可作為社口靈樹，而是要經過獵場主人himho-hupa做祈福儀式方能完成。除了赤榕、茄苳、山芙蓉、栓皮櫟以及樟樹是山神常停駐的居所，其實還有不少其他樹種同樣會有山神停駐，例如芒果樹、楓香即是。而且也不一定是巨大的樹才成為靈樹，還要看山神喜不喜歡。在hicu神靈的眼中，有些樹看起來就像是一間漂亮的居所。[2]

在進入鄒族部落的入口處，通常會種植赤榕或茄苳樹，再由該獵場的長老為樹做topeohx祈禱儀式，此樹即為聖化為靈樹，保護部落的社神hicu-no-pa'momxtx會在這裡停駐，阻擋惡靈侵入部落。鄒

---

2   2017年作者訪問山美安金立巫師。

族長老行經此地，會放置食物或酒類作為供俸。據說，如果砍伐社口的茄苳神樹，即會患熱病、發高燒。每年小米收成後的修路祭（smoceonx）時，也要祭奉社神（中央研究院民族學研究所 2001：62）。這幾年來作者行經特富野入口處，發現該社口依然有族人放置供奉社神的食品。由於茄苳樹是神靈棲居的樹種，所以通常鄒人在家庭院不會栽種

tapangeosx
構樹

tapangeosx-no-ta'cu
山油麻

tapangeosx此樹是鄒人生活場域中隨處可見且隨手可取來利用的樹種，與鄒人的日常生活有十分密切的關係。

鄒人會抽出構樹樹皮充作負重頭背帶，樹皮製成繩索來捆綁物品；樹皮纖纖可編織品及編網，是很好利用的樹種。

另，構樹果實成熟是野生動物及鳥類喜歡吃的食物，鄒人也會採來當零食。

鄒語tapangeosx是構樹，ta'cu是指山羌；tapangeosx-no-ta'cu原意指山羌的構樹。鄒人認知上，此植物的果實山羌特別喜歡吃。

taemoyx
薯榔

薯榔taemoyx是鄒族的染料植物之一。

薯榔是山區野生的藤蔓植物,它的地下塊根外型很像大型的地瓜,塊莖剖開後分紅色和偏黃色兩種。

鄒族有許多用來染色的植物,其中薯榔是最主要同時也是最常被使用來染布料的植物;紅色薯榔塊莖汁液呈咖啡色,也有的薯榔呈淡黃色,黃色的數量較少,由於顏色選擇不多,變化也不大,因此鄒族服飾的顏色並不複雜。

據當代族人說,紅色、藍色和黑色是鄒族的主要顏色,許多衣服和三角形圖紋,也都以這三色來表現,但以鄒族的植物染原料推測,自然的植物是無法染成鮮紅、深藍或深黑,所以鄒族在衣飾和圖紋的顏色係借用新染料之創作。

ta'eucu
山藥

• ta'eucx-no-pepe

• ta'eucx-no-ceoa

ta'eucu泛指山藥類。

鄒族人將ta'eucu又分成ta'eucx-no-pepe原意「土地上面的山藥」和ta'eucx-no-ceoa原意「土地裡的山藥」兩種,藉此分辨可食部分的生長特性。

其中以ta'eucx-no-ceoa土地裡的山藥和神話故事稻的由來有密切關連。如下:有一鄒人挖山藥時不慎掉進地洞裡,該地洞居住的人只吸食米pai-axlx的熱氣,鄒人想獲得種子,於是暗暗藏稻米種子準備帶回去,但怎麼藏都被地洞人發現,最後只有藏在包皮內的種子沒被發現而順利帶回地上,種子帶回地上後種下,此後鄒人才有糯米飯。

鄒人挖掘ta'eucx-no-ceoa此植物根部,可水煮或火烤。ta'eucx-no-pepe則長在蔓藤上不需挖掘只須採摘下來即可水煮或火烤後食用。

鄒人也常用ta'eucx-no-pepe作為鳥套陷阱的誘餌。

tafe
金線蓮

鄒族獵人認為,生長金線蓮的山林區域,是野生動物常出沒的地方,許多動物包括鳥類都喜歡吃。約在1980年前後,族人曾採取販售或栽培。

tafiseongx
臺灣百合

tafiseongx是特富野社稱臺灣百合的說法。

現今鄒人常在庭院花圃栽植作為景觀植物。

tafiseongx
呂宋莢蒾

呂宋莢蒾是灌木樹種,在特富野和達邦地區係常見的植物,果實成熟呈鮮艷的紅色,果實味道微甜,水分很多,是鄒族小孩的一種零嘴。

此植物分布在高海拔地區,較中海拔地區的村落,如山美、新美、茶山村就比較看不到呂宋莢蒾的蹤影。

呂宋莢蒾的樹幹很堅韌具有極佳彈力,砍下來可以製作成弓,也可以做陷阱的彈力木條fhongu,是鄒人認知中是狩獵用的樹種之一。另成熟的果實也是鳥類喜歡吃的食物。

tafiseongx另意指臺灣百合(此為特富野社的說法)。

tahiucu
桑椹

tahiucu原指野生桑椹，除了原生種桑椹外，現今族人也從外面引進各式品種進行栽植，此為桑椹總稱。

tahiucu為達邦語調，特富野社語稱tahzucu。

桑椹果實為鄒人零食，當桑椹的果實成熟時，總會有成群的鄒族小孩或爬樹採食，或收集放入小竹筒搗碎再用嫩茅草莖沾食。

桑椹的果實也是松鼠、鳥類的最愛，這段時間除了提供族人練習彈弓射準，也是採摘果實作套鳥陷阱的好時機。

族人認知中，桑椹樹會長出桑黃菇，鄒人會採來用水煮沸後飲用。今部分鄒人會採桑黃進行販售。

tahza/tahia-ceo'x
豇豆

tahza泛指所有豆類，達邦調為tahia，特富野調為tahza。

ceo'x指田埂，tahza-ceo'x原意是「田埂上的豆」。族人多種植在田梗上因而名之。現今族人的種法已採多樣性種植，而非田埂不種。

有族人表示，豇豆的豆仁飽滿近乎爆裂摘食是最佳時機，與山肉一起煮食也很好吃；現有族人在自家耕作區栽植進行販售。

tahza-mibocu
赤小豆

鄒語tahza-mibocu原意是使人放屁的豆；mibocu是放屁的意思。

此植物是傳統鄒人田間常見的雜糧作物，會種在小米田或旱稻周邊，其豆仁呈紅色，鄒人認為食之會頻頻放屁，故取其特性命名為tahza-mibocu。

tahza-pa'eya
花生

tahza-pa'eya係指挖掘出來的豆。pa'eya是「挖掘」的意思，tahza-pa'eya說明這種豆是長在土裡的必須要用挖的。

tahia-pa'eya是達邦社的說法，特富野語調為tahia-paza，指的都是花生。花生是鄒人常見的雜糧，早期與其它雜糧混種在小米田周邊。

taimau
土密樹

鄒語的taimau，也是「鋤頭」之意。

族人觀念裡，土密樹的樹材堅硬，可用來作為家屋的柱子，或做刀柄、鋤柄等工具，當作柴火也很好。

此樹生長在低海拔地區，南三村如山美、新美以及茶村地區比較多見，達邦、特富野地區則少見，所以因環境空間不同地區生長的樹種也曾發生誤解taimau的意思鬧過一些笑話，故事主角是一對翁婿，住在南三村的岳父交待從達邦回娘家的女婿，把房子後面的taimau（土密樹）搬到火塘準備燒火，結果女婿屋前屋後找了許久總是找不到岳父所講的taimau（鋤頭），索性在倉庫翻找幾支鋤頭準備拿去燒掉，岳父見了真是感到又氣又好笑。

taivuyanx
野茼蒿

takaae
蓖麻

taivuyanx 是指野茼蒿，鄒人也稱卡那布群為taivuyanx，不知為何如此命名。此植物多長在田間，耐乾旱，噴農藥不易枯死。

takaae此植物無法食用。

鄒人種植作為經濟作物，數量不多，今市場已不再收購。

tamaku
煙草

ta'moza
臺灣土黨蔘

鄒語tamaku應是譯自日語的外來語。

鄒人稱煙草為tamaku，抽煙稱etamaku，過去族人會在家屋附近種植煙草，並自己採來曬乾或晾乾，製成捲煙，有的老人還會製作精美的煙斗etohva便於捲煙葉來抽。

據說自製的捲煙味道較濃，部落老人比較喜歡，所以還是有少部分的族人會種植煙草，大部分的鄒族癮君子已經習慣市售的香煙。

臺灣土黨蔘，鄒語稱作ta'moza，又名kut'i-puutu，kut'i是指陰戶，puutu是指河洛人／平地人，鄒意即「河洛人的陰戶」。為何又稱kut'i-puutu，已無法確認。

部分族人會栽植在自家庭院中，觀賞食用都可，果實成熟時呈紫紅色，味道酸酸甜甜的，大人小孩都喜歡吃。

tapaniou-no-av'u
大頭艾納香

鄒語原意是指狗的tapaniou。鄒人用此植物水煮服用，可以消解疲勞。

tapaniou／tapanzou
小舌菊

鄒語稱tapangzou（特富野社語）；tapangniou（達邦社語），在部落儀式和巫術儀式中是重要的植物。

多生長在部落周邊山林。鄒人簡稱此草為s'os'o no koa cofkoya ta feango，鄒語意義為「可使身體潔淨的草」。[3]

tapaniou／tapanzou是小米祭潔淨儀式用的植物，也是巫師施法時使用的植物。巫師施法時可以藉此取天界的水，並用來做驅邪，巫師住家附近會保留此植物。有此一說，巫師並不會刻意種植，而是巫師家附近會自長長出這種植物，供巫師使用。

作者採訪特富野社巫師杜襄生，他提起自己要成為巫師之paavi開眼儀式，老巫師雙手各持著一根tapanzou小舌菊，在眼睛前面做開門的動作，並用巫師的話（e'e-no-yoifo）向天界的神靈說話，這個神靈是我在天界的另一伴。杜襄生說，每個巫師在天界都有一個神靈作為另一伴，稱為ahngx-ne-pepe，這個神靈是要和巫師一起施法，當施法的時候，把小舌菊用右手持著，從右往左一揮動，這位神靈就會出現在一旁，準備協助巫師施法。男巫師有女伴，女巫師有男伴，這些神靈都很漂亮，巫師死後將會回到他們的身旁和他們在一起。他的另一伴長得非常漂亮，在世間看不到那麼漂亮的女性。杜襄生也描述，自己施法的時候，用具包括米一碗（由要求施法的人帶來）、小舌菊（tapanzou）、藜實（voyx）以及神靈喜歡山芙蓉籤條（fkuo），有時也會用到豬、灰、貝等等。

---

[3] 2017年8月29日採訪安金立巫師記錄。

tapein'a
苦蘵、燈籠草

tapein'a泛指此類植物。
果實可食,是鄒人的零食;動物也會吃。
亦可作為鳥踏陷阱的誘餌。

tapeucu
垂桉草

tapeucu泛指此類植物,其特性是果子成
熟後黏人,常與作物一起生長,但果實黏
人,故族人不喜。

tapuciu
大莞草

葉子有尖刺會割人,果實山豬喜歡吃。

taumu
懸鉤子

在鄒族部落裡taumu這種野生植物隨處可見，族人不知其名統稱草莓。

這是鄒族孩子們的最愛，當草莓成熟時，野外常會聽到孩童在草莓叢裡嬉戲和尖叫聲，有些孩子會準備桂竹小竹筒，將果實放入竹筒內，再用嫩茅草莖加以搗碎吸食，鄒語戲稱zokozokoa，邊吸食還一邊哼唱俏皮的兒歌。

此植物有倒鉤，巫師會用此植物施法，讓失和的夫妻再和好。

taumu-no-ta'cx
玉山懸鉤子

taumu-no-ta'cx鄒語原意是「山羌的草莓」，族人認為那是在較高海拔的山區才有的草莓，野生動物的食物。

筆者在山林探查時正巧遇到一叢玉山懸鉤子結出鮮紅果實，試吃後感覺酸酸甜甜的，山羌草莓喜歡生長在較平緩的林木下，鄒人稱這種地形叫作maemaepuhu。而相對於taumu-no-ta'cx又有另一種莓（臺灣懸鉤子）則常見於比較陡峭的山坡地形，鄒人稱作taumu-no-moatu'nu，原意是「山羊的草莓」，moatu'nu是山羊的意思，鄒人認為這種地形常有山羊出沒並食其果實，故以此命名。

另，有一種鄒人稱作taumu-no-engohcu的草莓（橙葉懸鉤子），原意是「河鬼的草莓」，這種草莓在鄒人認知中通常長在河邊，果實可以食用。

taumu-no-fo'kunge
蛇莓

tavaciei
孤挺花

taumu-no-fo'kunge原意是「蟾蜍的草莓」。fo'kunge是指蟾蜍,此植物通常長在庭院或田間,果實可食,但族人認為不好吃。

傳統上鄒族婦女頭上會纏著黑布,這些已婚婦女會在其間插上孤挺花或其他植物作裝飾。

鄒族孩子會用此花的莖,劃破縫隙,吹起來可發出聲音,作為玩具。

現今部落已引進各式品種的孤挺花作為庭院景觀植物。

tbxko

臺灣獼猴桃（硬齒獼猴桃）、
臺灣奇異果

此為藤蔓植物，果實可以食用，野生動物
特別是獼猴喜歡吃其果實。

鄒族獵人經常在有獼猴桃的地區放陷阱。

現今有族人將野生獼猴桃栽植販售，經栽
培後結出的獼猴桃果實比較大也比較甜。

teofahza/teofahia

狗骨仔

teofahza是特富野社語調，達邦社稱作
teofahia。

此植物生長在一般山林間及傳統獵區，鄒
人認為其樹幹有很好的彈力，可以作為陷
阱的材料。

因樹型與咖啡樹相似，部分鄒人誤認
teofahza是野生咖啡樹，現今有族人以
teofahza命名咖啡工作坊。

teo'iyu
小葉桑

鄒人認知，此類桑樹不會長果實，所以又稱作公桑椹，此樹材較硬實，適合做房屋或山寮的柱子。

texfsx
櫸木

在族人的眼中這是好的樹種，木心可以當作建材。

春天長出的嫩芽，是飛鼠喜歡的食物，飛鼠喜歡吃其嫩葉。

現在許多族人也將櫸木作為路樹或庭院景觀植物。

teezo
臺灣青芋

thoango
鵝掌柴，江某、鴨腳木

鄒語teezo有兩種意思，第一種指的是魚叉；第二種則是指野生芋頭。

臺灣青芋teezo的花序長得尖尖的，族人依其外型像魚叉來命名之。

族人認知當中，teezo不能食用，因為它會咬喉嚨，但可以取來餵食家豬。

鄒人認知中，此鵝掌柴的果實是野生動物的食物，作者曾在鵝掌柴樹林間打很多飛鼠。此樹種可作為器具材料，有族人砍伐販售。

thoveucu
腎蕨

部落周圍隨處可見的植物，鄒人挖其塊根作為零食，有止渴功效；另外，牙齒疼痛可以水煮塊根服用。

新美部落有族人認為，此植物又名kelu-no-tfua'a。

此植物的莖葉野生會吃，山豬會挖食塊根，近幾年作者前往楠梓仙溪獵場踏查，發現沿路的thoveucu被野生動物啃蝕的情況相當嚴重，相信不到幾年的時間就會消失。

tiho
石朴

獵人認知tiho的果實是野生動物喜歡吃的食物。

tniveu
兔兒菜

此植物常見於庭院或田間，鄒人為了要讓嬰孩斷奶，會用此葉的苦汁塗抹在乳頭。另外鄒人也會水煮服用其湯水治病。

tnoo
楤木（食茱萸）

此樹之嫩葉族人取來當作食材，現今用tnoo嫩葉做成的食材是部落餐館的特殊料理，是具特色的部落風味餐材料。

tnoo-no-fuingu
楤木

t'ocnga
藠蕎

tnoo-no-fuingu原意是山林裡的楤木，此樹結出的果實是鳥類喜歡吃的食物，尤以紅嘴黑鵯為最。

此樹最大的特點是樹幹、枝葉上的尖刺，有一則關於好獵人故事，描述一位剛出道的獵人跟獵團去犬獵，他被資深獵人安置在高坡處觀摩，一段時間後被犬隻追逐的大山豬竟往他的方位衝過來，他情急之下立刻往旁邊最近的樹爬上去，可沒想到是棵長滿尖刺的楤木，當他好不容易爬下來，全身早已佈滿尖刺扎孔。

族人的農作區均會種植t'ocnga以便利採食當佐料，族人以沾鹽生吃為主；現有族人會醃漬存放，此物在舉行小米收穫祭時期禁止食用。

t'ocongoyx
梅樹

當代鄒人稱梅樹均稱ʼume，此為日語，鄒語叫作t'ocongyx，是族人近代種植的經濟作物之一。梅樹涉及靈性層面的部分，在族人用梅的樹心製作fkuo（儀式用避邪籤條）時的重要染料。籤條顏色深紅，可用於多種宗教儀式中，例如參與戰祭儀式的男子，胸前必須佩飾避邪籤條。其製作順序大致如下：採取fkuo山芙蓉樹皮煮沸，再放入laksu野牧丹和tubuhu，並加用原生梅樹t'ocongyx根部進行染色。

鄒族有一地名t'ocngana，意即「有梅樹之地」，在楠梓仙溪上游。部落可見之梅樹大致是在1960年代間，鄒人種植作為經濟作物。

· 梅和山芙蓉製成的鄒族避邪籤條

tofx
葫蘆瓜

鮮嫩的tofx除了可供食用外，風乾之後族人將瓜內的種子刮除製成水瓢用來舀水或飲用小米酒。

此亦為具靈性的農作物，小米祭以及狩獵活動期間不能採收，亦不能碰觸，惟已經製好的hopi水瓢可以使用。

在「升天小孩」神話的情節中，記載著跟著父親捕魚的孩子，看到一個從空中飄下來的葫蘆器皿，停在他的前面，裡面裝有蜂蜜，小孩想吃就將手伸入葫蘆內欲取蜜，但手怎麼也拔不出來，反而被葫蘆牽引上天。

to'keiso
百香果、西番蓮

to'keiso泛稱所有百香果。

鄒人生活領域內野生百香果本來很多，是隨處可見的植物，鄒人常取作為零食，現今許多地區都已開墾，百香果盛況已不再。

百香果是野生動物喜歡吃的食物，在結果的季節都會引來許多動物前來覓食，鄒族獵人認知中，百香果剛結果尚未完全成熟時，就會有松鼠覓食；果子成熟時，獼猴、飛鼠、狐類接著前來覓食；等果子成熟掉落地上，再由野豬、山羌等動物覓食，所以這些獵人們會依其不同生長階段，進行不同的狩獵行為。約在1980年代前後幾年，常有族人採集百香果販賣，作為掙錢之野生經濟作物。今部落已可見不同品種的百香果。

to'keiso-no-eam'um'a
毛西番蓮

to'keiso是百香果，eam'um'a鄒意為有毛的；鄒語to'keiso-no-eam'um'a是指有毛的百香果。與百香果同樣可以食用成熟的果實，鄒人因果實被苞片包覆著，看起來像帶鬚毛來命名。

tongeiho
臺灣蜘蛛抱蛋、大武蜘蛛抱蛋

此植物的葉子可以用來包粽子，鄒族小孩會找其果實作為零食。

楠梓仙溪地區有一地名稱為totongeiho，意思是「蜘蛛抱蛋很多的地方」，該區域是鄒族特富野社汪氏族的傳統獵場，今仍有族人經常前往進行狩獵活動。

ton'u
小米

傳統而言小米是鄒族的主食，所以鄒族具有一套綿密細緻的小米文化。

鄒族對小米的分類，基本上是以「糯米」ton'u-hohx'exca以及「非糯米」ton'u-svoyx的概念作區分。

糯小米具黏性，可以作小米糕等食物，族人認為口感較佳，一般而言，這種小米種的會比較多；而非糯米的穀粒則較缺黏性，煮後米粒成散狀，口感略嫌生硬，種植的也比較少，小米口味馴化了鄒人的味蕾，也延伸出鄒族豐富的小米食譜與飲食慣習。

鄒族常常將不同品種的小米混合栽植。因此，即便是現今為舉行小米收穫祭種植的小米種子或部分族人刻意栽種的小米種子都不是同一品種，但不脫「糯米」ton'u-hohx'exca以及「非糯米」ton'u-svoyx這兩種。當然，還有一些比較特殊的小米種類，如ton'u-yapungu，指一種長穗的小

米；ton'u-ya'azuonx，指「拉阿魯哇族的小米」（鄒語ya'azuo是指高雄桃源區的拉阿魯哇族），也許這種小米是從那裡引入的。還有稱為ton'u-peisia的小米，原意是「禁忌之小米」，那是專指種植在聖粟田pookaya的小米，將用於小米祭儀式使用。

小米的種植，構成鄒族農耕文化的核心，它涉及農耕所需的諸多知識和技術，也涉及鄒族的親屬關係和社會結構，當然涉及了土地利用與環境生態觀念，簡而言之，

小米文化形構了鄒族傳統知識典範（浦忠勇 2014）。如此重要的作物，自然也涉入了鄒族的宗教信仰體系之內。衛惠林（1951：137）即形容「鄒族的農業祭儀之中心動機為粟之耕作」。

鄒族之小米祭系列主要祭拜ba'e-ton'u粟神。從年初的播種祭、春季的除草祭、夏的收穫祭、秋天的收藏祭，乃至於年終為隔年種小米所作的擇地夢占儀式，族人都以虔敬謹慎的態度面對。

民族誌文獻紀錄了諸多小米祭期間的禁忌事項，日人學者小島由道記載小米祭期間之禁忌極嚴，禁吃米、魚、生薑、鹽、芋頭、番薯等，並禁止觸摸生麻（中央研究院民族學研究所 2001：69）。另，《同胄志》資料也同樣紀錄小米祭期間禁食蔥、韮及蕃椒等食品，以及禁止採伐芭蕉與竹子。以小米播種祭為例，各家主祭者準備小米種及農具到聖粟田，農具包括五節芒、桑枝以及竹枝（衛惠林 1951）。此時播種鋤地不用鋤頭，而是要用這三種植物。

另外，還要帶米酒、鯝魚以及姑婆芋葉子，在清晨天亮之前完成小米播種儀式。[4]而且小米種植及收成，也規範大社與小社的秩序，即大社先播種，先收割。小米穗也具有特殊意涵，例如，每一家在其溪流都有其領界，只要在該處族置插了小米穗的竹子，別人就不可擅自入其界內偷捕魚。若有人犯戒，就會受到河神的譴責，不是受傷就是患病。小米的意義與功能，同樣涉及了鄒族的社會規範。

總而言之，繁複的小米祭儀式，在時間上貫穿了全年的生產時序，將農作節期構成「系列的年祭」；在空間上，包括氏族祭屋、農作耕地、部落會所和氏族的獵區，連結鄒族與土地的關係；儀式人員和順序，有的由部落領袖發起，有的由家族主祭帶領，男女分工，全族參與，藉此儀式行為，鄒人實踐各自的社會地位和角色。

---

[4]　小米祭系列儀式極其繁複，可參閱中央研究院民族學研究所（2001）；衛惠林（1951）第一章第三節。另外，浦忠勇（1997）亦紀錄當今達邦社小米收成祭進行狀況。相關文獻可謂豐富，因篇幅所限本書不予詳述。

小米祭儀，詮釋了人與人、人與神、人與物之間的關係，猶如一張綿密清晰的文化網，傳統鄒人在當中安身立命。

基於小米跟鄒人的密切關係，自然地流傳著許多神祕、精彩的神話，以下是幾個跟小米來源、禁忌與生活習俗相關的神話，玄妙又具有豐富的隱喻象徵。

一、收成五次的小米

小米女神最初給族人五種小米，並教導其耕種方法。族人播下小米，可以收成五次，且僅用五粒小米放入鍋中，就可以煮成一大鍋的小米飯。然後，後來有懶惰的族人，認為祭祀小米神很麻煩，就不去祭神，同時也犯了禁忌，把魚沾在小米穗上，或沾蜂蜜、蔥。結果，旱田裡的小米全飛走了，不知去向，就連小米倉裡的小米也都不翼而飛。此時，僅有一把小米穗勉強地掛在家門而留下來，族人取下來視為珍寶，再播種到旱田裡，可是從此小米只長一次小米穗，小米莖就枯萎，不能像以前可以從舊株上發五次新芽。而且收成的小米煮下鍋，也只是稍加膨脹而已，必須放入大量的小米才足夠。今日族人在播種或收割小米期間，忌諱魚類、蜂蜜、蔥及鹽等，完全是因為女神視此為禁忌的緣故（中央研究院民族學研究所 2001：61）。

二、敬畏小米女神的由來

從前小米神拿起一把粟（小米）種，交給鄒族的祖先，教導他們種植的方法，並且叮嚀他們：「每回播種和收穫的時候，一定要舉行祭拜我的儀式，那麼我會讓你們永遠擁有足夠的食物」。那個時候，一顆粟種可以結五次穗；而且五粒小米煮熟之

後，就能裝滿二個飯鍋。後來有人懶惰，認為小米神交代的事太麻煩，就故意荒廢了祭祀的事，並且犯下了許多禁忌。有一天，田裡和倉庫中的小米，突然間都一齊飛走了，也不知道究竟飛到哪裡去。幸好還有一把小米種留在某一氏族的門板後，大家拿下來，非常的珍惜，便細心的播種，只是這一回它只結了一次穗就枯死了，它的宿芽不再發芽；煮小米飯的時候，它們也只是膨脹一點點，要供應幾個人飽腹，非得要煮不少的小米才夠。從此，人們再也不敢懈怠，總是在播種和收穫的時候，謹慎地行祭祀的儀式，相沿至今。[5]

· homeyaya獻給小米神的祭品

三、獵人成為天上的星星

從前社裡有六個人（也有人說10個），在homyaya粟收穫的祭儀之前帶了一隻（也有人說二隻）狗到山上去打獵。回到社裡的時間已經稍稍晚了，小米祭儀式已經結束，全社的男男女女正在瑪亞斯比mayasvi歌舞祭。這幾個人因為犯下了禁忌，不能參加瑪亞斯比，只好停留在社外的山坡上，遠遠的觀看社裡的眾人高興跳舞的樣子，心裡非常的羨慕，所以他們情不自禁也不約而同的手拉著手跳瑪亞斯比。這個時候，從天上降下一塊木板，在不知不覺中把這幾個人和狗都載起來，便慢慢的離地而上升。在社裡面瑪亞斯比的男女聽到歌聲從空中傳來，都驚奇而向上注目，見到有六個人，一邊唱歌，一邊瑪亞斯比，與一隻狗慢慢升上天。過了一會兒，上升的影子不見了。第二天晚上，東邊的天空就出現了白虎七星（昴宿）。現

在大家看到白虎七星的時候，就開始要舉行荷滅雅雅的儀式了。[6]

四、不敬粟女神的懲罰

從前鄒族要祭祀粟女神的時候，有許多要遵守的禁忌，同時也特別要求安靜，絕對不能發出任何一點聲響，否則那是會冒犯粟女神的，對她不敬，輕則受到一些懲罰，重則也許會遭到不測。人們在粟女神將來的凌晨時分，一個個肅穆沉靜，主祭的長老們固然抿嘴低視，與祭的人動作起來也是小心翼翼的。對於不易約束的狗、貓之類，也不出聲喝斥，只是拿起一種稱「西布卡」的竹製小弓，搭上軟箭輕射驅走而已。有一回，又到了要祭祀粟女神的時間，這場稱荷滅雅雅的祭典，要準備粟女神最喜歡的松鼠肉（那是她眼中的山豬肉）和其他的供物，粟女神會在夜裡極寧

---

[5] 1990年2月2日浦忠成、浦忠勇於特富野部落採訪湯保福（已歿）及汪義益（已歿）長老。

[6] 1990年8月10日浦忠成、浦忠勇於特富野部落採訪湯保福長老（已歿）、浦汪阿市婦女（已歿，作者母親）。

靜的時分，由塔山前來。那天夜裡大夥兒都在祭粟倉等待，等了許久，正當女神要走進祭倉的時候（眾人是看不見的，只有主祭的長老才見著；巫師也見得著），卻有一隻狗也由外走進祭粟倉，其中一個男子察覺，靜悄悄取出小竹弓和軟箭，瞄準狗身射去；那枝軟箭射中狗身之後，恰滑跳而飛向另一邊，不偏不倚地射入了剛入祭倉粟女神的一隻眼睛。女神突然受到這樣的冒犯，也不願再留下享用人們為她準備的豐盛祭品，先讓射出箭的男子昏迷了，再把他的靈魂帶走。走到塔山的時候，粟女神叮囑同行者：「把這個人帶到這裡就可以了，因為他雖然冒犯了我，但並不是存心的，帶他來只是讓他受一點懲罰，我還是要讓他回去的」。粟女神一行就停留在塔山入口處不遠的位置。等到要進食了，粟女神看見同行者要拿鬼神們所食用的「瑪尼發那」給這個人吃，便阻攔著，說道：「這種東西還不能拿給他吃，因為他跟我們還不一樣」。因為此人僅係昏迷，並未死亡，故不能真正進入冥府，也不能食用鬼神們的食物，在塔山停留了一段時間，粟女神就派同行者送他回去。在走回社的時候，經過離特富野不遠的「祝阿那」時必須要涉水，要涉越的溪裡有許多魚，護送他回社的神差們看見魚都驚叫著「蛇！蛇！蛇！」，並且急急忙忙上岸。當時天下著大雨，他折取蕉葉避雨，回到祭粟倉。眾人見他神智又恢復清醒，便忙著詢問究竟發生了什麼事，他就把所遭遇的事一五一十地告訴大家，並且告誡往後迎接、祭拜粟女神時一定要肅靜、虔誠，才不會受到懲罰。[7]

---

[7]　1992年1月29日浦忠成、浦忠勇於特富野部落採訪浦勇民長老夫婦（均已歿）。

topocnana
刀傷草

此作物常見於部落或田間的土坡上，鄒人作為醫療植物，將之搗碎後貼在外傷口。

toteocu
蛇木、筆筒樹

鄒人採其樹莖作為柱子，或製作蜜蜂木箱的材料。

傳統鄒人不吃此植物，2010年左右，在樂野米洋小吃餐廳看到此菜餚，採其初生嫩葉，跟豬肉一起煮，作者曾在此點了一盤，味道不錯，之後也看到其他族人採來做食物。

tpoi
玉山箭竹

在海拔約2,000公尺的高山地區,玉山箭竹是主要的山林植被。鄒人會採其嫩筍食用,味道比箭竹筍來得苦,過去也會用此竹子製作成釣杆。

特富野社東方山林有一地名稱為kuici-tpoi,鄒語原意是「很不好的雲竹」,此區域的雲竹長得濃密,荊棘叢生,在其中行走或狩獵極為不便,而且容易迷路,所以族人就稱此地為kuici-tpoi,經常有族人在此迷失方向,所以長者常會叮嚀,在此地區行動要特別小心。

在較高海拔的玉山箭竹長得不高,形成箭竹低矮草原,鄒族獵人認為這種地方是水鹿喜歡曬太陽toheae的地方,獵人會形容:黃顏色的水鹿在箭竹草原曬太陽,就像曬的小米束一般;這種地區是很好的獵區。

鄒人認為,清晨走在玉山箭竹區域時露水很重,na'no smuu;在2005年,臺灣降下罕見的三月雪,很多高山地區的雲竹因積雪枯死,包括kuici-tpoi地區的雲竹也跟著消失殆盡,如果要恢復過去的景觀,還需一段時間。

tubuhu
澤蘭

tubuhu泛指此澤蘭署。此植物係鄒族的儀式用植物。

鄒族在做小米祭潔淨儀式，鄒語稱為aoyocx，要用小舌菊tapaniou（達邦社語）／tapanzou（特富野社語）潔淨祭屋內的物品，而屋內擺置狩獵器具的地方，鄒語稱為tvofsuya，不用小舌菊潔淨，達邦社用tubuhu，特富野社用langiya黃荊做潔淨儀式。

鄒人認為，戰神和山神喜歡此植物的氣味。此草又稱tapaniou-no-haahocngx，意即「屬於男人的小舌菊」，若行獵途中佩

飾在身上，獸魂會喜歡其氣味。平時男人可以作為裝飾，沒有花也可以。[8]

鄒族有地名tutubuhu，意即「tutubuhu多的地方」。在楠梓仙溪上游地區有一地名稱為tutubuhu，原意是指「長很多

tubuuhu的地方」，此地區是鄒族傳統獵場。在林務單位製樟、伐木及造林時期，此地曾經形成一個漢人聚落白雪村，現在已成廢墟，採愛玉子及狩獵的族人仍然會利用殘破的木屋。

---

[8] 2017年8月29日採訪安金立巫師記錄。

tuna
菊花木

此藤蔓類植物，獵人表示其果實是藍腹鷴喜歡吃的食物；其莖的剖面花紋好看，已有族人會取來製作飾品。

txfsx
甘蔗

txfsx-haengu，鄒語txfsx是甘蔗的總稱，haengu是茅草，txfsx-haengu意思是說「樣子像茅草的甘蔗」，指的是部落內早期種植像茅草桿一般細的甘蔗。

甘蔗是歸為零食作物，非經濟作物，所以鄒人並未大量種植，偶會種在耕地間。此植物今已不復見。

ucei
芋頭

ucei是芋頭總稱。

傳統上芋頭被鄒人視為重要的作物而進行栽培，傳統種植的芋頭品種很多，有旱田種植和水田種植的品種；以球芋和母子芋兩類之食用芋。其中現今族人仍會種植的ucei -poft'ia原意是「會跳開的芋頭」；特富野社語調稱作ucei-pofti'za，則是屬於母子芋的品種。

鄒人傳統種植的芋頭品種很多，茲列舉如下：

> ucei-hof'oya 原意紅色的芋頭、
>
> ucei-mae'xcx 原意是跳得很遠的芋頭、
>
> ucei-fxicxia/fxicxza（特富野社調）原意為白色的芋頭、
>
> ucei-kua'onga 原意指黑色的芋頭，特徵是有黑色葉柄、
>
> ucei-meoisi 原意是很大的芋頭、
>
> ucei-taivuyanx 原意是 taivuyanx（異族）的芋頭、
>
> ucei-tatposa 原意是花色的芋頭、
>
> ucei -poft'ia 原意是會跳開的芋頭。

如上所述，可見鄒人會依此作物特色給予不同名稱以方便辨識。

現在部落能看到的芋頭多屬外來引進的品種或較大品種，像ucei -poft'ia母子芋有一陣子不容易看到，但有族人復育後大量種植，鄒人認為此芋頭比較好吃。

'ue

黃藤

黃藤在鄒族生活上具有特殊的文化意義，如下：

在重要的建築物、重要的工具和束緊房屋樑柱的時候，會使用黃藤，尤其是建造會所的時候，一定要使用黃藤。傳統鄒族在人死的時候，會用黃藤將死者綁住之後再下葬。據鄒族習俗和信仰，似乎黃藤有一種神力，用黃藤綁住象徵神靈屬於這個地方。

黃藤以前都是野生的，因為黃藤都是刺，不好採集，採集之後要先剖開然後浸水軟化，經過處理之後才可以正式使用。

鄒人並不會刻意種植黃藤，所需材料均採自部落周圍山林野地，至今皆如此。黃藤在傳統鄒族生活中的多種用途極廣，藤心可食，藤皮製作各式盛物籃，包括錐形背簍yunku、方型背簍paengonx、食物籃cexfx及kayabungu、篩酒器txpx、背帶paucu、圓籩apngu，並用藤繩縛物，鄒族傳統建築物就是用藤繩綁住固定，另外族人也用黃藤作拐杖，甚至過去有的家裡就放著一根藤鞭當家法。我們可以說，雖然鄒人不種黃藤，但在傳統生活場域中，黃藤的身影無所不在。

鄒人使用黃藤的步驟，包括採藤yue、剝藤meyave、浸藤tfui等重要工作，前兩個階段工作大多以男性擔任。男子會所的黃藤施工則全由男性施作，如製作一般器皿，婦女可以參與。鄒人認為'ue-hah'o才是好的藤條材料，鄒語原意為「年青的黃藤」，是指黃藤之中特別粗壯的一枝。[9]

9　2013年浦忠勇部落採訪記錄。

傳統鄒族人死亡後採室內葬，屍體用黃藤繫束，然後埋入土內，也因這種埋葬習俗，鄒人若以黃藤繫縛住身軀，被視為禁忌。男子會所成年禮，要用黃藤行鞭打屁股的儀式。由是觀之，黃藤也具有靈性元素。氏族家屋及男子會所均使用黃藤綁紮柱樑，男子會所杆欄平臺後緣，鋪上黃藤，婦女若有必要登上會所，可在黃藤平臺範圍。男子會所的盾牌pihci戰具，出征時勇士背在身上，若獵獲敵首，勇士將敵首陳於盾上棒入男子會所，此象徵部落的盾牌，即用黃藤皮束縛穿聯之（衛惠林等1951：73）。

會所內最重要的物件是敵首籠，係以黃藤編製而成。修建或重建男子會所時，若要移動敵首籠，需極為謹慎。筆者採訪，曾有一年特富野社修建男子會所，頭目汪念月夢見部落冒出大量黑煙，他特地詢問巫師安金立，巫師認為是部落青年在移動敵首籠的時候不夠謹慎所致，所以特別邀請安金立巫師前往特富野落，為會所修建之事施法與i'afafeoi神溝通。

過去小米祭屋內會放置一根藤製的「小米女神的拐扙」s'ofx-no-ba'e-ton'u，[10]儀式主祭會帶去聖粟田，作為迎接小米女神的重要的物質媒介。

10 筆者採訪時發現達邦社yoifoana莊氏族祭屋內仍有保存粟女神之杖。另外《同胃志》一書記載使用'otx火管竹製作粟女神之杖（衛惠林等1951：141）。

作者採訪了一個有關粟女神之杖的故事，頗有寓意。作者岳父pasu'e tapangx方望財長老擔任儀式主祭的時候，有一回清晨持手扙前往聖粟田採收小米，鄒語稱mokayo-to-ton'u，是迎接小米女神的儀式。他在回家的路上不小心跌了一跤，致使粟女神之扙破裂，當他回到部落之際被巫師瞧見，就對方長老說：「你要迎接的小米女神並沒有跟著你回來啊！」方長老心急之下，跟著巫師回原路尋找，他們回到他跌跤的地方，巫師就看到小米女神就原地坐在那裡，不再跟著回祭屋。於是巫師和方長老就謹慎地跟小米女神解釋，不是故意把手杖弄壞。後來小米女神才跟著回到方家祭屋。

‘ungeai
鳳梨

鄒人零食，據鄒族部
落長者的記憶，早期
種的鳳梨長得高，多
刺，現在的鳳梨則多
是自外引進的品種。

vasavi

山葵、芥末

山葵（鄒語稱vasavi，譯自日語）是引進來的作物，也是近代鄒族社會比較新穎且有競爭力的經濟作物，由於種植山葵要在特定的高海拔地區，因此只能種在原始森林而不能種在農耕地上。

由於耕地必須在高海拔約1,800公尺之原始林地，葵農會闢路開挖土地，砍樹又施肥，在當地蓋工寮，迫使當地的生態受到嚴重的破壞，不僅對森林生態危害極大，也破壞原始的狩獵步道。80年代林務單位已禁令停止種植山葵，留有部分特定區域進行種植，此作物正面臨經濟發展和生態維護的嚴竣挑戰。

veiyo
白茅

Veiyo／白茅通常生長在比較平緩肥沃的坡地，有白茅的土地，適合種植陸稻、小米及各種雜糧。veiyo可作為傳統住屋、男子會所屋頂覆蓋之用。鄒族也利用白茅根部作醫療之用，挖掘白茅根，清水熬煮服用，可治療發燒病人，作者相仿年紀的族人均有此經驗。過去鄒族孩童用白茅葉子做玩具，做成「茅箭」丟擲互射。生長白茅草的地方，是老鼠和一些小鳥棲息的地方，孩童會在此遊戲，初步認識小型野生動的蹤跡。

鄒族有一地名稱veiyo，在樂野村南方的臺地，但取名veiyo不是因為白茅的原故，而是此地曾有難以火攻的大黃蜂（火攻大黃蜂要以五節芒莖葉為火把），所以就以大黃蜂取地名，鄒語的veiyo有兩意，即白茅草和大黃蜂。有趣的是， 鄒人稱呼住在平原地區的漢人為yane-voveiveiyo，原意是「住在很多白茅的族群」，也許是嘉南平原過去也生長大片的白茅吧。

白茅除了上述的生活利用，另外也涉入宗教領域。鄒族男子會所屋頂中央，就是用白茅草覆蓋，在族人觀念它具有神聖意涵。另外，在新建或是修建祭屋emoo-no-peisia，要做夢占儀式a'asvx，要取一束白茅先存放，然後睡覺等候夢境，如果夢不吉利，要把那束白茅丟棄，要再取一束白茅，重新再做夢占，若有吉夢，就要把白茅束留下來，等祭屋建成後，再把白

茅束繫捆在東側屋樑上，作為眾多善神善靈進來停駐的處所，也是神靈庇佑家屋的象徵。

vici
葛藤（山葛）

此植物常見於鄒人的生活場域中，用於日常生活的例子很多，如鄒人會在割傷跌傷時採其嫩葉咀嚼之，用其汁液塗抹在傷口治療。

攀附在樹上或爬在地上的葛藤也作為捆綁物品或臨時作背負重物背帶之材料。然而出現在耕地間的山葛，族人會想辦法移除，以免影響作物生長；作者以前見過族人喝酒為了去除味道，就在回家途中沿路吃葛藤嫩葉，只是不知道是否有可以去除酒味的奇效。

葛藤也是狩獵植物之一，山豬也會吃此植物。

voyx
藜實

一般而言，鄒族人從以前就不會大量種植藜，對於藜的飲食知識亦較少，現在跟藜相關的認知，大多是引進來的知識。

傳統鄒人對藜的用途，主要是咒術性多於食用性，與巫師施法有關，而且只用一種綠梗藜（赤藜）。

衛惠林（1951）紀錄巫師的法物包括五節芒、水、小舌菊、鐵片、山豬顎骨、猴骨頭以及藜實等。

日人瀨川孝吉也紀錄過，鄒人認為，因為惡鬼厭惡voyx，所以族人會將藜放在祭屋內，這樣惡鬼就不會過來覓食小米；在釀製小米酒時添加赤藜用以驅邪，依此而言，藜亦為祭屋之聖化佩飾。

藜實色黃，方為鄒族巫師所用。此為巫師的助手soskuskunu，會聽從巫師的指示進行各種法術任務。筆者採訪的巫師都儲存備用藜草果實，作為施法器物。藜實活像個靈活的孩子，身體會發出亮光，可防止身體被穢物入侵。巫師會施法製作藜實包，給需要的族人隨身攜帶，作為護身符。[11]但據說藜實會怕水，無法渡水執行巫師交付的工作。

作者岳父一個有趣的故事，是關於他轉念相信巫師神力的故事。他從以前就不相信巫師有任何神力，當他行經里佳部落，有一位女性老巫師ba'e-kupicana，

---

[11] 2017年8月29日採訪安金立巫師記錄。

她知道岳父不相信巫術現象，為了改變他的態度，就刻意秀出巫師功力，要讓岳父看到她所養的精靈。在巫師眼中這種精靈稱'o'oko，即「孩子」之意，她隨即在一個圓邊apngu上，擺置一個小小房子模型，樣子有點像是祭屋內小米女神的祭屋，屋內放一些臺灣紅藜實，這本來就是巫師施法的器物之一。接著老巫師就開始施法，不久，小屋內的紅藜實就從屋內跑出來，在屋外玩耍，在屋內、屋外跑進跑出的，有的還飛出去一陣子，沒多久又飛回來。岳父全程觀看這一現象，也從那時候起就相信巫師施法，之後每回他要從新美村走回達邦村，經過里佳村就會找這位女巫師做meipo或epsxpsx的儀式。

'xhx'xhx
山粉圓（香苦草）

此植物常見低海拔地區，山美、新美及茶山南三村族人較熟悉此植物，也有部份族人進行栽種來販售或自製飲品。

果實成熟後進行曬乾，加水煮到果粒呈現半透明色，加糖即完成，熱冰飲用均可。

yabku
羅氏鹽膚木

鹽膚木yabku是部落間常見的樹種，生長速度很快，開花之後結出的果實有鹽分，以前鹽取得不易，鄒人取鹽膚木果實作為鹽的替代品，鹽膚木果實嚐起來鹹中帶酸味，鄒族小孩喜歡採食當零食。

鄒人認知中，當秋季羅氏鹽膚木開花之後，氣候即開始進入乾季，不會再有大風雨，鄒人便會將壓在竹籠內的麻竹筍拿出來，放到溪流的大石上曬成筍乾。

九月過後，鄒人觀察鹽膚木開花狀況及一些自然現象判斷颱風季節即將結束，羅氏鹽膚木會陸續開花變換顏色，小溪流的青蛙會開始產卵。

鄒人認為此樹可做火藥材料，也可以柴燒，但不適宜在火邊露宿時燒此木材，因為火很旺，燒得太快要一直加柴，另外燒此樹，火星會跳開，容易灼傷或讓人睡得不安穩。

yahcx
刺蓼

yahcx為藤蔓植物，特點是莖葉有刺。

此植物若生長在農耕地上時，鄒人便要徒手拔除或使用刀具砍除，因莖葉有刺容易刺到手，即便現今使用割草機砍除時旋盤也容易被纏繞，所以鄒人都十分討厭這種植物。

鄒人生活場域有些地名稱為yayahcx，原意是指「刺蓼多的地方」，里佳部落對面有一處即稱作yayahcx。

鄒族獵人都知道野生動物都喜歡吃此植物，獵人會從yahcx被吃的狀態來判斷是山羊、山羌及水鹿前來覓食。

另有一植物稱作yahcx-ngoecungcu的植物，原意指「表面光滑的刺蓼」。

yangcx
牽牛花

鄒語yangcx泛指牽牛花此類植物。

yangcx是鄒族生活區域隨處都可見到的
植物，牽牛花莖葉的汁液若沾到眼睛，會
感覺刺痛無法睜開，令人非常難受，鄒語
稱作to-yangcx；因此農夫砍草時如果看
到牽牛花的藤蔓或花朵會特別留意，不要
被它的汁液碰到眼睛。

此植物是藤蔓植物，枝條纏繞會影響農作物
的正常生長，因而鄒人認為是不好的草。

yayupasx
密花白飯樹

yiei
蕨

這種植物生長在較低海拔地區,在山美、新美、茶山一帶比較容易發現,十月果實呈白色,帶有一點甜味可以食用,是鄒人的零食。

南三村山美、新美及茶地區的孩子都知道這種零食。

果實成熟季節鳥類也會前來覓食。

yiei是蕨類統稱。

傳統鄒人不刻意種植蔬菜,以採集野菜食之,yiei是鄒人採集野菜之一。

yiei生長在較平緩的耕地,鄒人會取其初生莖葉,先在水中加一些石灰,用石灰水煮一陣子後,洗淨煮熟再食用。

此種蕨類會叢生,作者小時候經常在此植物看到綠色的小蟬,其蟬聲音量大,常捉來把玩,今已不復見。

yohu
臺灣蘆葦

yohu屬禾本科植物，鄒人認知上生長蘆葦的地方，多是水源充足的溼地或溝壑。

鄒人認為有yohu生長的地方附近或底下就有陶土，例如，特富野社東方鄒語稱作eingiyana的臺地，曾是鄒人製作陶器的地方，附近就有多處溼地及溝壑，雖然現今大部分地區已開墾成農作區，但仍留有大量yohu的蹤跡。

木賊也稱作yohu，但鄒人另以yohu-no-ʼoʼokosi意指「小棵的yohu」稱呼木賊方便辨識。另鄒人也常以此植物作為地名，鄒語稱作yoyohu，原意是指「蘆葦很多的地方」。

2017年採訪新美部落兩位老獵人，指出yohu的莖管可以製作羌笛，鄒語稱ptungiyacx，通常會在山羌發情期使用，吹奏羌笛可以引誘公山羌接近，現今也有鄒人試著製作羌笛，把製作羌笛的方法保存下來。

部分鄒人以前也會取蘆葦莖作編排，鋪排完成後亦可作為床鋪，鄒語稱作hopo（傳統上主要是利用五節芒莖）。

yono
雀榕、赤榕

鄒族kuba男子會所廣場東側種植的雀榕樹，是mayasvi（戰祭）的重要儀式植物，也是鄒族的部落神樹，目前鄒族神樹有兩棵，分別在達邦社及特富野社的男子會所。

兩社男子會所廣場旁的聖樹雀榕，據說是軍神 i'afafeoi 隨從天神hamo自天降臨時之神梯。

另外特富野部落東方稱為tutun'ava，是過去鄒族人口統計及祈福儀式之地，也種植一棵雀榕。

特富野社的聖樹比起達邦社顯得樹齡相差很多，那是由於1960年代有一位來吉村長老會的傳教士，將特富野社的神樹以粗鹽放置於樹根，使整株樹完全枯死；這是當時鄒族文化習俗與宗教祭典受到政府及西方宗教影響的具體事件；後來是幾位始終堅持傳統信仰的部落長老如陳宗仁、汪義益、石耀昌及石余仁等人，找來一棵雀榕重新種下，特富野社才又有屬於自己的聖樹，種植在男子會所旁的神樹雀榕，平時都不能隨意攀爬或折斷其樹枝。

當代鄒人常在田間或庭院種植雀榕，部分原因基於文化認同，另外也作為景觀植物，或作為誘鳥植物。

雀榕樹是鄒族部落常見的喬木，果實可以誘引多種野生動物前來覓食。然而雀榕之文化意義則主要在其靈性特質。鄒族部落就有三棵最具靈性象徵的雀榕樹，男子會所前廣場有一棵雀榕，作為mayasvi戰祭的儀式植物；特富野部落tutun'ava之地，同樣種了一棵雀榕樹，在小米播種祭結束之祭，長老在此地計算部落人員，並做祈福、占卜（打陀螺及打鞦韆活動）和餐敘團員儀式；另外，進入部落的社處，同樣種了雀榕（或者茄苳樹），族人相信，土地神ak'e-mameoi常鎮坐於此，保護部落。從這三處種植的空間位置來看，作為部落核心的男子會所，長老祈福的tutun'ava之地，再來是在外圍之地的部落入口，均栽種了靈樹，似乎藉這樣的植物連接了族人、土地以及神靈。

作者曾訪問特富野陳宗仁長老，他詳述了過去在在tutun'ava的儀式。各氏族的主

祭者都會來參加，最重要的工作應是新年度的人口統計工作，各家族依人數量，取一支小米梗代表一個人，小米梗區分為兩種，其一代表當年存活的人，其二代表當年死亡的人，再將代表氏族人口總數的一束小米梗，交給稱為ak'e-tutun'ava長老，長老收齊並計算所有小米梗，完成人口數統計。之後，ak'e-tutun'ava會用茅草莖取代小米梗，一枝小米梗換成一支茅草莖，並將各氏族的茅草莖分別用山芙蓉樹皮籤條繫綁在一起，接著要再將部落所有氏族的茅草莖繫在一起，並為之祝禱祈福。當天，部落族人會在tutun'ava共同享用食物。目前特富野tutun'ava地的雀榕尚在，只是統計人員及祈福等儀式已不再舉行。

特富野部落會所的赤榕樹齡少，原來的老樹於1957年，因基督教進入部落與傳統宗教產生衝突，長老會的牧師為了希望鄒人能放棄傳統宗教，歸依基督教，於是將部落赤榕砍伐，並以粗鹽塗抹於樹根，致使整株樹完全枯死，導致特富野社的mayasvi祭儀無法舉行，總共中斷了十九年（1957-1975）。在中斷祭儀十幾年之後，仍有幾位始終堅持傳統信仰的部落長老，如陳宗仁（已歿）、汪義益（已歿）、石耀昌（已歿）及石余仁等，找來一棵赤榕重新種下。[12]

特富野部落mayasvi祭儀能夠恢得，關鍵就在於汪益義和石余仁長老重新栽種了新的yono，也就是今天這棵祭儀廣場的神樹。故事是這樣發生的，有一夜，汪益義長老做了一個異夢，他夢見兩位年輕的女子向他顯現，並指著一條又新又寬廣的

道路，說：「這條路你要走下去，無論遇到任何困難也要堅持走下去！」汪氏走了一段鋪著木板的路，卻踩破木板跌倒了，那女子把他拉起來，要他繼續走下去，這樣的夢境出現了兩次，汪長老卻無法理解其中有什麼啟示，第三次又夢見一棵長在山壁間的赤榕，長老認為難道是在指示我去取回並重新栽種部落的赤榕？他半信半疑地偕同石余仁長老，前往夢中呈現的山壁，他驚奇地發現，山壁上真的有一棵小小的赤榕，與夢境的景像完全相同。那時候他們就決定取回那棵赤榕，帶回部落栽種。而且從這個時候開始，汪氏及石氏長老就很重視男子會所及鄒族祭儀的相關事務，汪長老也長期擔任部落主祭長老。

另外，作者採訪山美部落安金立巫師，談到他「施法救活達邦神樹」的事件，過程也是神祕離奇。他表示，巫師meipo施法對象通常是以個人為主，但也有時候是協助整體部落事務，他詳述在2011年跟另外三位巫師共同施法術救活達邦社部落神樹的過程。那時候參加的巫師包括溫tolao、莊新富和杜襄生等四位巫師。大家協議認為安金立長老所做過的法術工作較多，具有較為高階的法術能力，就由安金立來主導這次的工作。

這回是達邦社男子會所的赤榕樹枝幹不知什麼原因而枯黃，沒有生氣，達邦吳氏頭目就特別拜訪巫師安金立詢問處理方式。巫師專程到達邦部落去看看到底發生了什麼事？因為是第一次處理這樣的現象，自認難度較高，就邀請其他巫師一起來aiti診視赤榕的狀況。aiti是巫師用語，鄒語原意是「看、看見、看到或審視」的意思，當然這種「看」不是普通眼睛的看，而是透過巫師靈界之眼所做的「診

・達邦社男子會所

視」，鄒語稱巫師是「可以看見的人」，即meelxbohngx。幾位巫師看完神樹生長情況之後，就施法跟部落yi'afafeoi戰神對話，詢問戰神為何會出現這樣的狀況，戰神回答，「現在部落的長老很不團結，各懷私心，不好好照顧神樹，也沒有人出面帶領真正關心男子會所的事情，我對他們極度失望，我想乾脆就離開這裡好了」。接著，幾位巫師召集了達邦社的長老，交代要做的工作，並約定時間辦理。

當天半夜，幾位巫師又來到會所廣場，長老們殺豬，準備了新釀的鄒族米酒，製作cnofa，那是用野桐包起來的糯米飯和豬肉，就用這些貢品招待戰神。yi'afafeoi看起來威嚴可怕，但是祂還是可以溝通，

這次就由安金立負責向祂對話。他問戰神為何要離棄神樹，yi'afafeoi表示，達邦社的'o'oko（鄒語原意是小孩的意思，yi'afafeoi稱部落長老為孩子）經常忽略了會所該做的事，yi'afafeoi又說，已經決定要放棄會所。因為yi'afafeoi堅持，所以第一次來作法並沒有什麼結果。隔一段時間，幾位巫師再次前來，繼續施法溝通，安金立跟戰神說，如果你離棄，你可憐的孩子們將如何自持？過程是以巫歌形式對話。戰神表示，那我可再等兩年mipsohi時間（原意為兩天，靈界一天即世界的一年），再看看部落長老們的表現有沒有改善。那時巫師已經看見神樹底下開始冒火，原因是埋在地底下的敵首已經發酵活

起來，[13]當下，安金立巫師就稍微責備部落各家族的長老。巫師安金立交待，在新月分的時候，儀式要再做一次，並交待達邦社長老，要把樹下的一些土挖走，更換新土，並種植新的小棵神樹，預備萬一無法把老棵神樹救活，至少還有神樹留存。接著要求長老拿三盆水過來，並叫眾長老移動位置，安金立用水澆熄神樹底下的火，巫師表示用了三盆水才把火澆熄。儀式結束後，安金立巫師未再詢問結果，後來碰到達邦社的長老，他們說神樹已經發出很多新芽。

另外，鄒族有一傳說，takopulan社曾襲擊特富野社，來到種有赤榕的社口一帶時，其主將迷了路，而同行者早已歸去，唯他一人仍在該地徬徨，最後在石上不動，鄒族人發現他之後，將他殺了。族人相信是棲息在赤榕的社神保護所致，才得以迷亂敵人的神魂。

---

yxhmx
山香圓

yxhmx為狩獵植物，野生動物吃其果實。

---

yxhmx-cocmxfex
著生珊瑚樹

鄒語yxhmx-cocmxfex原意是「很容易繁衍的樹」。cocmxfex指很容易生長的意思，鄒人認為此樹容易存活，折斷樹枝插於土內就能生根，因而取此名。

野生動物喜歡吃其果實，是狩獵植物。

13　鄒族人表示，日本統治時期，曾要求異族之間不能再彼此獲取敵首，並強制將排放在男子會所前的敵首掩埋，而族人至今仍記得掩埋敵首的位置，即赤榕樹底下。

yove
大葉楠木

yove此樹種為楠木，果實的梗是綠色的。鄒人認知上這種綠梗楠木生長在較低海拔地區，例如山美、新美、茶山一帶就比較多，紅梗楠木hmuo高海拔地區容易見到，如紅梗楠木一樣，其結出的果實是動物喜歡吃的食物，但鄒人認為它的果實香味就不如紅梗楠木具有na- hmuo的正宗味道。

另，楠木樹枝堅韌有彈性不易裂開，是製作農耕用具鋤柄的好材料。

現今部分鄒人也會取材製作杵臼、桌椅等傢俱。

Ⓩ

zmusu
臺灣土肉桂

常見於鄒族傳統領域上的原生土肉桂，鄒語特富野社稱作zmusu；達邦社稱作imusu。鄒人會取用果實作調味料，以配山肉或魚類食用最合口味，是鄒人的重要佐料。

部分鄒人認為山胡椒ma'fx主要配山肉，而臺灣土肉桂主要配魚類最合傳統口味，但並不嚴格區分。

zmusu/imusu果實成熟時會引來許多鳥類前來啄食，彌猴、狐及白鼻心等也喜歡吃；部分鄒人會採其果實曬乾或直接裝罐保存，現在鄒人直接會將果實急速冷凍保鮮，自用販售兩相宜。

部分鄒人從傳統獵場上帶回zmusu/imusu小苗栽種在農耕地或庭院中，作為吸引動物或庭院景觀樹木。

附

錄

I. 鄒語名稱索引

鄒族的植物世界——在花草樹木之間探尋文化軌跡

鄒族的植物世界——在花草樹木之間探尋文化軌跡

參考文獻 (依年代排列)

衛惠林等

1951 《臺灣省通誌稿：卷八同胄志第一冊曹族篇》。南投：臺灣省文獻委員會。

董同龢

1959 《鄒語研究》。臺北：中央研究院歷史語言研究所。

李福清等

1993 《臺灣鄒族語典》。原著：聶夫斯基，1927。新竹：臺原。

湯淺浩史

2000 《瀨川孝吉　臺灣原住民族影像誌－鄒族篇》。臺北：南天。

湯保富

2001 《阿里山鄉誌》。嘉義：阿里山鄉公所。

中央研究院民族學研究所編譯

2001 《番族慣習調查報告書第四卷·鄒族》。原著：臺灣總督府臨時臺灣舊慣調查會。臺北：中央研究院民族學研究所

2015 《蕃族調查報告書第三冊：鄒族（阿里山蕃、四社蕃、簡仔霧蕃）》。原著：臺灣總督府臨時臺灣舊慣調查會。臺北：中央研究院民族學研究所

魯丁慧等

2011 《鄒族之植物利用》。臺北：行政院農業委員會林務局。

浦忠成

1993 《臺灣鄒族的風土神話》。台北：臺原。

浦忠勇

1997 《臺灣鄒族生活智慧》。新竹：常民。

2013a 〈鄒族植物知識體系芻議〉。《原住民族文獻》20：19-23。

2013b 〈從植物誌到民族植物誌──初探鄒族的植物世界〉。發表於國立中正大學臺灣文學研究所「文化、創意產業與部落主體性發展工作坊」。2013年5月10-11日。

2013c 〈命名、利用與分類：阿里山鄒族植物初探〉。發表於第九屆「嘉義研究論文研討會」。2013年10月26日。

2014 〈阿里山鄒族小米文化的知識典範及其變遷〉。發表於國立中正大學臺灣文學研究所「第六屆經典人物－原住民作家巴代暨其周邊跨域國際學術研討會」。2014年5月10-11日。

文高明等

2019 《鄒族久美部落歷史研究》。南投：國史館臺灣文獻舘。

林華慶

2020 《鄒的植物書》。臺北：行政院農業委員會林務局嘉義林區管理處。

林奐慶

2020 《臺灣橡實家族圖鑑：45種殼斗科植物完整寫真》。桃園：麥浩斯。

作者簡介

浦忠勇

Tibusung'e poiconv

阿里山鄒族特富野社人，嘉義師專畢業後返回部落小學任教，曾進修高雄師院國文系，南華大學教育社會學研究所，以及國立臺灣大學農學院生物產業傳播暨發展研究所，取得博士學位。知命之年自國小校長退休，任教於國立中正大學臺灣文學研究所，目前任職教育學研究所。研究領域主要在原住民族社會文化，特別是關於狩獵／漁撈文化、民族知識體系以及民族生態學等。有為數不少關於民族植物與狩獵文化相關著作，其中《原蘊山海間—臺灣原住民族狩獵暨漁撈文化研究》為代表著作。

方紅櫻

Naou'e tapangx

阿里山鄒族達邦社人，臺東師專體師科畢業後任國小教師，曾進修國立嘉義師範學院特教系，國立中正大學臺灣文學與創意應用研究所，以〈原住民族知識的傳承與轉化—阿里山新美國小科學教育初探〉論文，取得碩士學位。國小校長退休後，經營生態咖啡農園，並擔任嘉義縣鄒族獵人協會志工，為傳承自我族群文化投入心力。基於豐富的部落生活經驗以及對山林生態的濃厚興趣，遂與民族植物結下不解之緣，目前仍繼續探索原住民族的生態智慧。

國家圖書館出版品預行編目	

鄒族的植物世界：在花草樹木之間探尋文化軌跡/浦忠勇,
方紅櫻合著. -- 一版. -- 臺北市：致出版, 2022.11
　　面；　公分
　　ISBN 978-986-5573-48-5(精裝)

1.CST: 植物 2.CST: 鄒族 3.CST: 民族文化 4.CST: 臺灣

375.233　　　　　　　　　　　　111018515

鄒族的植物世界
──在花草樹木之間探尋文化軌跡

作　　者／浦忠勇、方紅櫻

拍　　攝／浦忠勇、方紅櫻

校　　對／浦忠勇、方紅櫻、吳翊豪、洪敘銘

封面設計／吳咏潔

美術編輯／莊皓云

出版策劃／致出版

製作銷售／秀威資訊科技股份有限公司
　　　　　114 台北市內湖區瑞光路76巷69號2樓
　　　　　電話：+886-2-2796-3638
　　　　　傳真：+886-2-2796-1377

網路訂購／秀威書店：https://store.showwe.tw
　　　　　博客來網路書店：https://www.books.com.tw
　　　　　三民網路書店：https://www.m.sanmin.com.tw
　　　　　讀冊生活：https://www.taaze.tw

出版日期／2022年11月一版　　　定價／700元

致 出 版
向出版者致敬

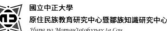

感謝 財團法人原住民族文化事業基金會 補助出版

感謝 國立中正大學原住民族教育研究中心 補助出版